娘と話す 宇宙ってなに？

池内了 著

現代企画室

脚注（＊）は、著者と編集部で作成しました。

娘と話す　宇宙ってなに?

1 「宇宙」という言葉

——今日は、父さんの専門の話を聞かせて。

「専門ということは、宇宙のことかな？」

——そう、国際宇宙ステーション*で宇宙飛行士がいろんな実験をするって聞くから、どんなことをするのか、父さんに聞こうと思って。

「そういうことか。しかし、父さんは国際宇宙ステーションとはあんまり関係がなく、そんなによく知らないよ。」

——あれ、宇宙ステーションっていうのだから、関係が深いのかと思っていたのに。

「父さんが関係しているのは望遠鏡や人工衛星で観測している遠くの宇宙のことで、身近な宇宙のことではないんだよ。」

国際宇宙ステーション　アメリカ、ヨーロッパ、アジア、カナダ、日本などが共同で進める宇宙基地。全長一一〇メートル、幅七五メートル、全重量が四五〇トンもの有人施設で、約四〇〇キロメートル上空を飛行している。

――えー、遠くの宇宙と身近な宇宙があるの？

「そうか、宇宙という言葉が二通りに使われているね。では、宇宙って言葉の意味から始めようか。」

――宇宙ってどんな意味があるの？

「宇宙は、中国から来た言葉だ。「宇」という漢字には「空間」という意味がある。そもそも家の軒や屋根を意味していたのが、地上をおおう天の意味になり、やがて空間全体を指すようになった。「宙」も、もともとはふくらんだおおいのことで、やはり空間を意味していたけれど、そのうちに過去・現在・未来という広がりを持つ「時間」を意味するようになったんだ。」

――じゃ、宇宙という言葉は、空間と時間という意味なの？

「そうだ。私たちが生きる舞台となっている空間と時間のことで、そこに存在するすべての世界のことを宇宙と呼ぶようになった。だから、天体が存在する遠くの広大な宇宙のこと、その過去や未来の姿を指すのが本来の意味なんだ。」

――西洋でも同じ意味なの？

「英語では、ユニバースuniverseという。ユニは「ひとつ」、バースは「回る」というラテン語から来ていて、ひとつが全体となって回るものという意味かな。太陽や月や夜空の星が回っているように見えるだろう。そこから、存在するすべてのもの、全体世界という意味に使われるようになった。」

――時間や空間ではなくて、世界にある物全体って感じね。

「そう、物に着目しているって言ってもいいかもしれないね。空間や時間は実際には見えず、そこにある物の運動や変化を通じて時間や空間の始まりや広がりを知っていくということなんだ。コスモスcosmosという言い方もある。物事が乱れていて区別がつかない意味のカオスchaos（ケーオス）の反対語で、コスモスは秩序があって完全な姿、それが宇宙というわけだ。」

――それもなんとなくわかる気がする。

「だから、西洋では時計じかけの宇宙という見方で、天体の運動は時計の機械みたいに正確に変化していると考えられてきた。」

――東洋は違うの？

「東洋ではちょっと違っていて、むしろ不規則な運動や変化に注目した。星が急に輝き始めたり、彗星が突然やってきたりするね。そんな天の異変に注意をはらった。これも宇宙のひとつの見方だね。」

――どちらも大事なことじゃない。

「むろん、どちらも大事だ。しいて東洋と西洋の差を見ればこうなるというわけさ。時間でも、西洋では真っ直ぐ進む時間、東洋ではめぐる時間、あるいは繰り返す時間という観念の差もあった。」

――時間は進むものではないの？

「時計で測る時間は進む一方だ。けれど、一日、一月、一年という風にくぎりをつけると、めぐっている、繰り返している、というふうに思えないか？」

――一日は太陽が東から出て、空を回ってから西に沈んで、翌日にまた太陽が出る間のことだね。一月はお月さんの変化だし。一年は？

「夜の星空の変化だね。あるいは、四つの季節が交互に移り変わって、それを繰り返している。時間は繰り返すとも言えるだろう。では、お正月には「おめでとう」と言うけれど、何がめでたいのだろうね？」

――うーん、誰もがそう言うから私も言ってるんだけれど……。

「お正月は時間の切り替えのときだ。古い年の時間から、新しい年の時間に切り替える、つまりこれから新しい時間が始まるのでめでたいんだ。」

――そんな時間の見方もあったのか。

「時間や空間、そのなかにある物そのもの、いろんな見方がある。それも含めて宇宙と言えるんじゃないかな。」

――だったら、身近な宇宙も遠くの宇宙もなくて、世界すべてのことね。

「本来はそうなんだ。しかし、ロケットや人工衛星を使うようになってから、宇宙の意味が二通りになってきた。地上から一〇〇キロメートルより上のロケットや人工衛星が飛ぶ空間は人間が関係できる身近な宇宙で、それよりずっと遠くの望遠鏡で観測するだけの宇宙と区別するようになった。身近な宇宙のことを英語では「スペース space」と呼んでいて、頭の上の空間のことを意味している。日本語では適当な訳語がなかったので宇宙空間と呼ぶようになったんだ。」

——身近と言っても、私たちには簡単には行けないわね。

「地球の重力で引っ張られているから、簡単に上空には行けない。でも、ふつうの人工衛星が飛び交っているのが上空五〇〇キロメートルくらい、いつも頭上にいる放送衛星や気象衛星が飛んでいるのが上空三万六〇〇〇キロメートルくらい。地球の半径が六〇〇〇キロメートルだから、地球からちょっとだけ外に出ただけだ。それと比べると、一番近い星だって三六兆キロメートル、宇宙の果てだと一兆かける一〇〇〇億キロメートルにもある。

ずっと遠いね。」

――ふーん、ずいぶん大きさが違うね。でも、なぜ同じ宇宙という言葉を使っているのかしら。

「たぶん、地球から離れた場所をすべて宇宙と呼ぶことにしたんだろうね。」

――じゃ、父さんの研究は遠いところの方なの？

「うん、父さんは、全体世界としての宇宙がどのように進化してきたか、つまり銀河や星や地球がどのようにして生まれてきたか、どのように進化するのかを調べているんだ。」

――でも、身近な方の宇宙とも関係しているんじゃないの？

「むろん、身近な宇宙に人工衛星を打ち上げて、それによって遠くの宇宙を観測しているから、まったく無関係というわけではない。身近な宇宙から遠くの宇宙を見るというわけだ。」

――宇宙開発という言葉をよく聞くけれど、それは身近な宇宙のことなの？

「そう、宇宙開発とは、宇宙空間（スペース）にロケットや人工衛星を打ち上げたり、宇宙ステーションで実験したり、月や火星や惑星を探査したり、という身近な宇宙を実験場にするということなんだ。」

――宇宙についてふたつの意味があることはわかったけれど、どちらから話してくれるの？

「むろん、父さんが研究してきた遠い方の宇宙で、全体世界がどのように作られてきたかの話だよ。宇宙開発のことも後で話すことにしよう。」

2　ビッグバン宇宙

宇宙の成り立ち

——遠くの大きい方の宇宙で、どんなことを調べるの？

「まず、この宇宙は何からできているか、どれくらいの物質があるか、どんな運動をしているか、ということだね。」

——宇宙が何からできているかっていうけど、夜空には星があるじゃない。

「確かに夜空には星がいっぱい見える。けれど、それはごく近くにある星ばかりなんだ。もっと遠くには、私たちの目には見えない「銀河（ギャラクシー）」と呼んでいる星の集団がたくさんある。星が一〇〇〇億個も集まっているものだ。」

——星が一〇〇〇億個も集まっているのに、どうして目には見えないの？

「非常に遠くにあるので光が弱くなってしまうからだ。星が一〇〇〇億個も集まっているのに、見えないくらい遠くにあるっていうことだ。」

――見えない銀河をどうやって見つけるの？

「星が見えない暗闇の部分に望遠鏡を向け時間をかけて写真を撮ると、いくつも銀河が写るんだ。」

――じゃ、私たちの目に見えている星は何なの？

「私たちも銀河に属していて、太陽も一〇〇〇億個もある星のひとつなんだ。正式にはザ・ギャラクシー「The Galaxy」、銀河系と訳している。目に見える星はすべて、比較的近くにある同じ銀河系の仲間だよ。銀河系という言葉も、白く輝いて銀色に見える部分が河のように夜空を横切っているからだ。」

――天の川のことでしょう？

「そう、天の川は私たちの仲間の星が集まっている姿を内側から見ている姿だね。そのため私たちの銀河系を「天の川銀河」という。英語ではミルキーウェーMilky Way、乳を流したように見えるからね。ギリシャ神話には、英雄のヘラクレスが赤ん坊の頃、おかあさんから乳をもらっていて、その乳がほとばしって流れているという話があるよ。」

——去年の夏、長野の山に登ったとき天の川を見たけれど、光がボーと広がっている感じだったよ。

「そうだね。天の川に望遠鏡を向けて観察した最初の人がガリレオ*で、ボーと広がった光は太陽と同じような星が多数群がっているためだと明らかにした。宇宙は無数の太陽の集まり、というわけだ。」

——でも、どうして天の川のように見えるの？

「私たちはCD盤のような薄い円盤状に多くの星が集まっている銀河に住んでいるらしい。それもわりと円盤の端の方に住んでいる。そこから空を見上げたらどのように見えるか、想像してみよう。」

——うーん、円盤の中にいると考えるんでしょう？

*ガリレオ・ガリレイ
(Galileo Galilei)
一五六四—一六四二。宇宙に初めて望遠鏡を向け、月の凸凹、太陽黒点、木星の四大衛星などを発見した。

「そうだ。円盤の真上を見上げれば、円盤は薄いからそんなに多くの星は見えないよね。ところが、円盤に沿うようにしてみれば星は沢山見える。けれど、薄い円盤だから星がたくさん見えるところは細い帯のようにしか見えない。それが天の川なんだ。」

――そうか、天の川に星がたくさん見えるのは円盤に沿って見ているからなんだ。

「だから、夜空に見える星はみんな私たちの銀河系の仲間で、比較的近くにある。」

――どれくらい？

「地球に一番近い星で四光年くらいだ。」

――一光年というのは？

「光の速さで一年かかって飛べる距離のことだ。光の速さは一秒間で三〇万キロメートル、一年は約三〇〇〇万秒だから、一光年は約一〇兆キロメート

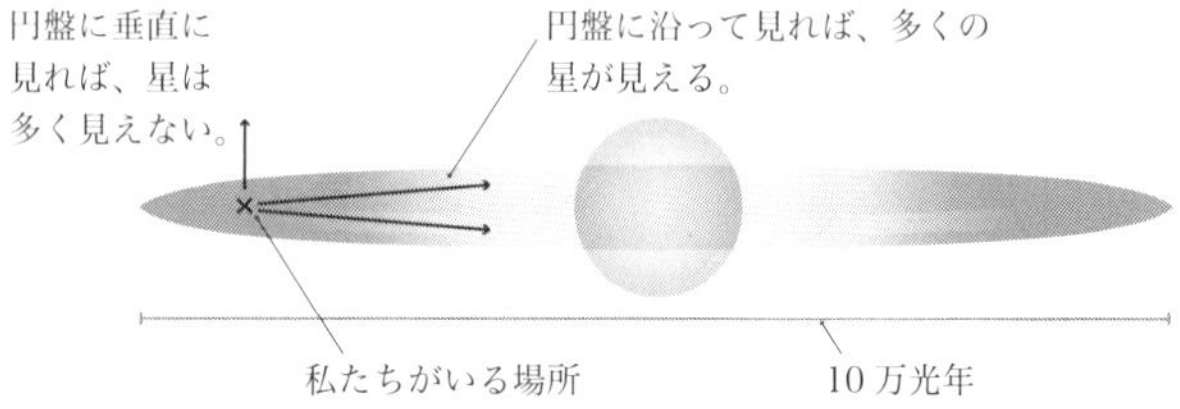
円盤に垂直に
見れば、星は
多く見えない。
円盤に沿って見れば、多くの
星が見える。
私たちがいる場所
10 万光年

ル。近いと言っても、その四倍はある。」

——ずいぶん遠いのね。

「夜空に見えている星までの距離はおよそ三〇〇〇光年くらいまでだ。それより遠くになると、途中にあるガスに星の光が吸収されて見えなくなってしまうんだ。銀河系は差し渡しで一〇万光年もあるから、もっともっと星は遠くまで広がっている。」

——一〇万光年？　私たちが住んでいる銀河系はそんなに大きいんだ。そんな銀河がたくさんあるの？

「銀河は、この宇宙に点々と散らばっていて、全体で約一〇〇〇億個もあると考えられている。銀河という形で物質が固まっているので、この宇宙を「銀河宇宙」と呼んでいる。」

——どれくらい遠くまで広がっているの？

「一番近い銀河が、マゼラン星雲で約一五万光年。これは南半球でしか見えない。その次が、北半球で夏の終わりから秋にかけてよく見えるアンドロメダ星雲で、二一〇万光年。これらは、私たちの銀河とグループになっている。いずれも「星雲」と呼んでいるように、始めは私たちの銀河系内部にある星の集まりだと思っていた。ところが、ちゃんと距離を測ると私たちの銀河の外のもっと遠くにあることがわかったんだ。だから、マゼラン銀河、アンドロメダ銀河と呼ぶべきだろうね。」

――近くの銀河といっても、光の速さで飛んでも何十万年、何百万年とかかるんだ。

「おとめ座方向には銀河が多く集まったところがあり、これを「銀河団」といってるけれど、六〇〇〇万光年も遠くにある。かみのけ座にある銀河団だと一〇億光年だ。」

――一〇億光年って、ずいぶん遠くにあるんだね。でも、なぜ星座の名前で呼ぶの？　星はもっと近いのでしょう。

「夜空の方向の目印として星座の名前がついているだけだ。その方向にある、ずっと向こうの銀河や銀河の集団を指している。」

——一〇億光年よりもっと遠くにも銀河はあるの？

「現在、もっとも遠くにある銀河は一三〇億光年のところに見つかっている。日本がハワイに建設したすばる望遠鏡*で発見したものだ。」

——パチパチパチ。それより向こうには銀河はもうないの？

「後で宇宙の進化のことを話すけれど、この宇宙の年齢は一三七億年くらいと見積もられている。この銀河は一三〇億光年のところにあるから、一三〇億年前に光を放ったことになる。すると、宇宙が生まれてから七億年くらいしか経っていない。そろそろ銀河が見えるような果てのところに到達しているようなのだ。」

——ふーん、全部で一〇〇〇億個もの銀河が一三〇億光年かなたにまで散らばっているということだね。

すばる望遠鏡
日本がハワイのマウナケア山頂に建設した望遠鏡で口径は八・二メートルもある。

「その通りだ。ひとつの銀河には約一〇〇〇億個の星が集まっているから、全部で星はいくつあるかな？」

――えーと、一〇〇〇億個の銀河かける一〇〇〇億の星だから……。

「一の後にゼロが二二個もある大きな数だね。でも、一三〇億光年にも広がっているから、全体で平均するとそんなに物質は多くない。重さを体積で割ると密度になるね。水の密度はいくらだっけ？」

――水は、一立方センチあたりで一グラムでしょう。

「そうだね。宇宙で平均した銀河の密度は、それに比べて三〇桁ほど小さい。宇宙は、スカスカの真空に近いと言えるんだ。」

――でも、地球や太陽のような固まりになっているじゃない。

「物質がたくさん集まって星や銀河になっているけれど、ほとんど何もない空間が大きく広がっていると考えればいいんだ。」

――そうすると、一三七億光年にも広がる宇宙に、星が一〇〇〇億個も集まった銀河が点々と浮かんでいるというわけね。

「そんなイメージでいいね。すると、今度は宇宙の運動だ。」

宇宙は膨張している

――えっ、宇宙は運動しているの？　銀河がかけっこしているの？

「かけっこによく似ているけれど、かけっこではない。この宇宙の空間がふくらんでいるので、銀河は互いに遠ざかっているように見えるんだ。」

――宇宙空間がふくらんでいるって、どういうこと？

「順を追って話そう。まず、遠くの銀河の運動を観測すると、ほとんどの銀河は私たちから遠ざかっており、その遠ざかる速さが距離に比例していることがわかったんだ。これは一九二九年にハッブル*という人が発見した。」

――遠い銀河ほど速く遠ざかっているということ？

「そうだ。問題は、それをどう解釈するかなんだ。ひとつは、私たちが運動

*エドウィン・ハッブル (Edwin Hubble) 一八八九―一九五三。ウィルソン山の二・五メートルの望遠鏡を使って、銀河の距離を測り、宇宙膨張を発見した。

場の真ん中に居て、そこからヨーイドンで、子どもたちが一斉に走り出したという解釈ができる。まさにかけっこだね。足の速い子も遅い子もいるとどうなる？」

——足の速い子は遠くまで行くし、足の遅い子はまだ近くを走っている。

「そうなるだろう？　言い換えると、距離が遠くまで行った子は足が速い、距離が近くの子は足が遅いから、走った距離は速さに比例しているね。」

——なるほど。そう考えればいいんだ。

「ところが、銀河のかけっこという解釈は正しくなさそうなんだ。」

——なぜ？　だって遠いほど速いから観測に合ってるじゃない。

「でも、重要な難点がある。走る子を見ているのは中心に立っている私たちだね。それと同じで、銀河が遠ざかるのを観測している私たちは宇宙の中心にいなければならない。そして、すべての銀河は私たちがいる場所から出発しなければならない。」

――それは困ること？

「だって、私たちが宇宙の中心にいて、すべての銀河が私たちのいる場所から生まれたことになってしまうだろう？」

――そう思えばいいじゃないの。

「そういうわけにはいかない。私たちは宇宙の特別な存在ではないし、私たちがいる場所も特別な場所ではない。宇宙のどこにでもある場所と同じはずなんだ。」

――じゃ、どのように考えるの？

「そこで、ちょっと変なことを考えざるをえない。銀河は宇宙空間の各点に止まっているけれど、空間がふくらんでいるとするんだ。」

――やっと宇宙空間がふくらんでいる話になったね。どういうこと？

「たとえば、君と父さんは今椅子に座ってて止まっている。ところが、この部屋の床が四方八方に大きくなっているとしよう。では、どう見えるかな？」

――床が大きくなっているの？　すると、私と父さんの間の距離が大きくなるよ。

「すると、父さんから見ても、君から見ても、互いに遠ざかっているように見えるだろう？　そして、父さんが中心にいるのでもないし、君が中心にいるのでもない。」

――そうか、どちらも中心にいなくても、互いに遠ざかっているように見えるね。

「床が大きくなっていると、そこの本棚も、柱も、天井も遠ざかっていくね。それも銀河だとしよう。すると、父さんから見ても、君から見ても、本棚や柱や天井までの距離に比例した速さで遠ざかることになる。」

――どうしてそうなるの？

「この部屋の縦・横・高さの大きさの比が一定のまま、全体として部屋の大きさが一秒で三倍になるとしよう。父さんと君の間隔が一メートルだったものが三メートルになるから、互いに遠ざかる速さが秒速で二メートルだ。」

——私から見ても、父さんから見ても、一秒に二メートルの速さで遠ざかるように見えるね。

「本棚までは二メートル、柱まで三メートル、天井まで四メートルとしよう。すると、全体として同じ一秒の間に三倍の大きさになると、それぞれ何メートルになるかな？」

——三倍になるから、本棚まで六メートル、柱まで九メートル、天井まで一二メートルだよ。

「そうだね。じゃ、何メートルずつ増えたかな？」

——本棚までは四メートル、柱までは六メートル、天井までは八メートル増えた。

「それが一秒あたりの遠ざかる速さになるね。すると、始めの距離が、二メートル、三メートル、四メートルであったものが、毎秒で四メートル、六メートル、八メートルの速さで遠ざかる。」

——そうか、遠ざかる速さの比が四：六：八で、これは距離の比の二：三：四と同じになっている。

「つまり、遠ざかる速さが距離に比例しているということだ。今の場合はそれぞれ二倍になっている。こういうのを「相似変換」というのだけれど、宇宙も縦・横・高さの比が一定になるように全体として大きくなっていれば、銀河が遠ざかる速さが距離に比例するという観測が素直に解釈できる。」

——写真を引き伸ばしたのと同じだね。

「写真の縦と横を同じ倍率で引き伸ばしたら、

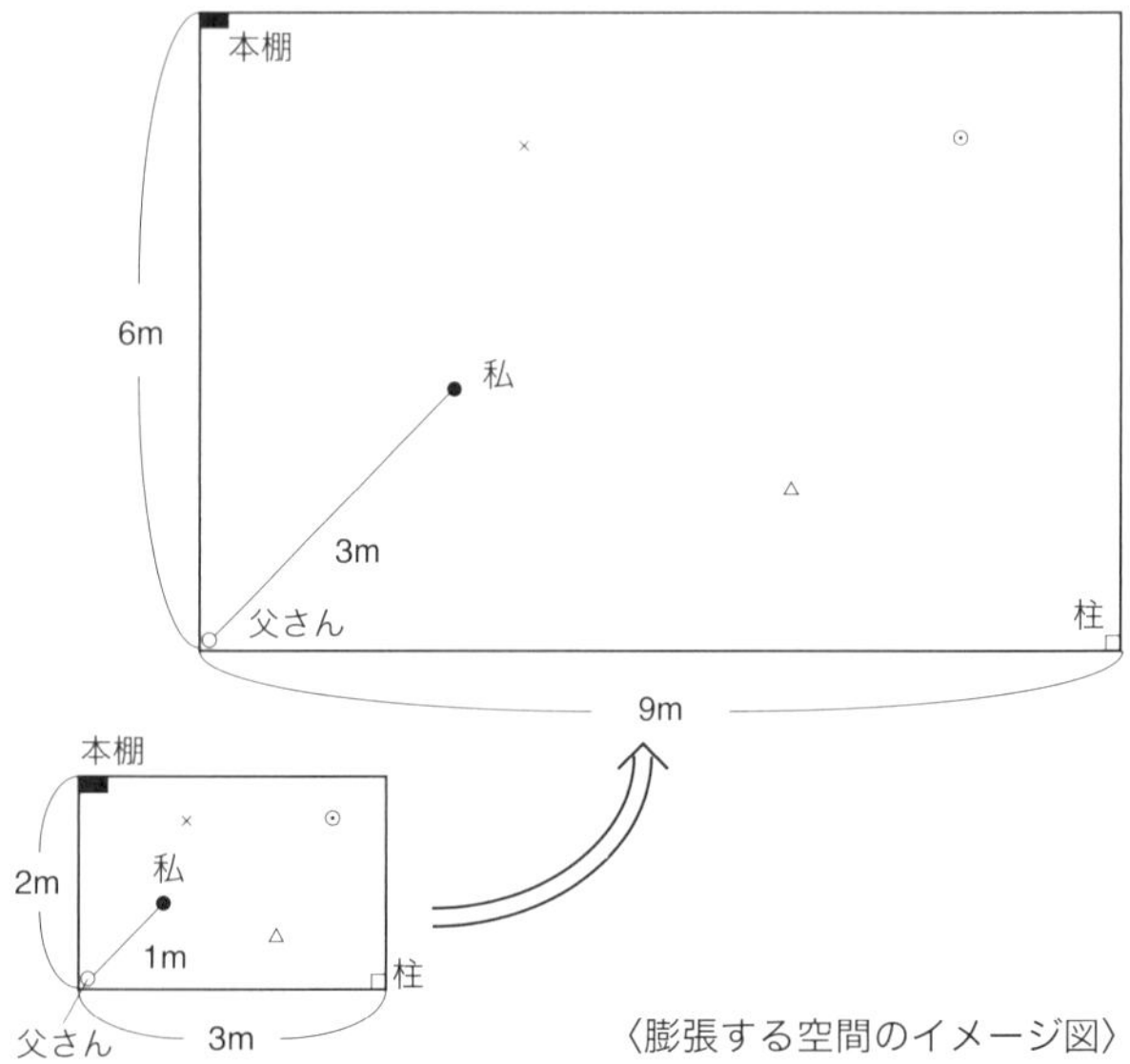

〈膨張する空間のイメージ図〉

同じ姿で大きくなる。宇宙も同じだ。」

――それで宇宙がふくらんでいるというのね。素直じゃないと思うけれど。

「ちょっと奇妙で素直ではないけれど、このように考えると私たちは宇宙の中心というような特別な場所にいるわけでもなく、遠ざかる速さの観測も説明できるから、受け入れざるをえない。宇宙は膨張しているというわけだ。」

――ふーん、天文学者は変わったことを考えるのね？

「もともとアインシュタイン*が宇宙の運動を記述した方程式を提案していて、その方程式を解くと、このように宇宙が膨張している場合もあるとわかっていたんだ。」

――なんだ、わかっていたのか。

「でも、最初は数式の上だけのことで、実際の宇宙が膨張しているなんて考えてもいなかった。そこにハッブルさんが銀河の観測結果を発表したものだから、宇宙膨張が受け入れられたというわけだ。」


*アルベルト・アインシュタイン（Albert Einstein）一八七九―一九五五。「相対性理論」によって知られるドイツ出身の理論物理学者。しばしば天才の例としてひきあいに出される。一九二一年にノーベル物理学賞を受賞。

――今も、宇宙は膨張しているの？

「むろん膨張している。ハッブルさんは過去の人だけれど、現在の宇宙を観測しているのと同じだからね。」

――では、この部屋も、地球も、太陽系も、ふくらんで大きくなっているの？

「いや、そうではない。銀河は多数の星が集まり、互いの万有引力で強く結び合っているから、もう銀河内部の空間は膨張していない。だから、地球も太陽系もふくらんでいない。私たちは止まった空間に生きているんだ。」

――では、どこがふくらんでいるの？

「銀河と銀河の間の、何も見えない空間が膨張している。だから、宇宙の広い領域での銀河の運動として観測できるんだ。」

――じゃ、どこへふくらんでいるの？　ふくらんでいく空間が外に広がっているの？

「いや、空間が前もって外にあるのではなく、新たに生まれてくるんだ。」

――空間が生まれてくるって、なんだかむつかしそうね。

「空間は舞台のように前もってあるのではなく、空間がないところに、にょきにょきと広がっている。これはちょっと想像しがたいから、これでお終いにしよう。」

ビッグバン宇宙の提唱

――父さん逃げてる。ま、いいか。今までのことを整理すると、宇宙には銀河が分布していて、宇宙膨張のために互いに遠ざかっている、ということね。

「一口でいうとそうだね。ここからは想像力の問題だ。私たち人間の寿命はたかだか一〇〇年で、宇宙が過ごしてきた長い時間と比べてみればほんの一瞬みたいなもんだ。しかし、想像力を発揮すれば、いろんなことがわかってくる。」

——何か、得意そうな言い方だね。

「ある人の一瞬の姿だけを見て、その人の過去や未来がわかるだろうか？」

——そんなの無理だよ。どんなふうに生まれて、どんなふうに育って、どんなふうに死んでいくのか、そんなことわかるはずないよ。

「人間の場合はそうだ。けれど、宇宙の場合は物質の運動と変化だから、物質に関する物理法則がわかっていたら、それを組み合わせると宇宙の過去や未来も知ることができる。それが科学の偉大なところなんだ。」

——父さんのいつもの言いぐさだね。

「宇宙が膨張して大きくなっているとしよう。風船をふくらませておき、その上にマジックで黒い印をいくつもつけておこう。その印が銀河だ。」

——風船を大きくふくらませると、黒い印の銀河が互いに遠ざかっていくことがわかるね。

「宇宙が膨張しているようすを見るのに都合がいいね。そこで、昔の宇宙はどうだったかを知るために、今度は風船を小さくしぼませてみよう。」

――すると、銀河はもっと近くに来るね。

「そう。じゃあ、もっともっと昔はどうだった？」

――もっともっと風船を小さくすると、黒い印ばかりになってしまう。

「つまり、銀河が重なり合うくらいになっていたというわけだ。じゃ、もっと昔は？」

――もう風船は小さな固まりになってしまう。

「そうだね。トコトンまで過去に遡ると、宇宙は一点になってしまうことになる。」

――そんなに極端なところまで考えるの？

「物理学者は、それを否定する理由がない限り、どんなに奇妙で異様であっても極端まで考え想像するんだ。」

――じゃ、こんなに大きな宇宙が一点から始まったというの？

「そう考えざるをえないから、そう考える。」

――何だか哲学者みたいだね。では、銀河はどうなっているの？

「もう、ぎゅうぎゅうに物質が詰まっているから、銀河という固まりではなく銀河を作っていた物質に壊れており、それもすべての物質を作っている根源的なものにまで潰れていた。」

――根源的なものって何？

「それは何かわからない。私たちが知っているのは、実験でわかる範囲内のことでしかない。それよりも、もっともっと根源になる物質まで潰れていただろう。」

――何があったかわからなくても、研究できるの？

「平均的な性質はわかるから、それをもとにして議論するんだ。宇宙は一点から始まったから、すごく密度が高かった。温度も物質がぎゅうぎゅうに詰め込まれていたから、すごく高かった。つまり、宇宙は超高温・超高密度の一点から、急速に膨張を開始したと考えられるんだ。」

――まるで爆弾が爆発したみたいだね。

「その通り。だから、「ビッグバン Big Bang 宇宙」と呼んでいる。ビッグは大きい、バンはチキチキバンバンのバンで爆発という意味だ。大爆発で始まった宇宙だね。ジョージ・ガモフ*という人が一九四七年に提案した。」

――なんだか恐ろしそうな宇宙ね。

「爆弾の爆発とは違うよ。爆弾の場合は高温の物質が空間に飛び出していくのだけれど、宇宙の場合は空間が膨張していて、それにくっついている物質が広がっているのだから。」

――どっちも同じだと思うけれど。

「重要な違いがある。爆弾の場合は、空間に対して高温の物質が運動するから光の速さ以上では動けない。」

* ジョージ・ガモフ (George Gamow) 一九〇四―一九六八。ロシア系アメリカ人で、ビッグバン宇宙論の提唱者。

――どうして光の速さ以上では動けないの？

「アインシュタインの特殊相対性理論*によると、空間に対して動く速さは光の速さ以上にはなれないんだ。むろん、特殊相対性理論はさまざまな実験によって正しいことが証明されているから、それは受け入れざるをえない。」

――宇宙の場合はどうなっているの？

「宇宙の場合は空間そのものが大きくなるから、相対論の制約を受けない。だから、宇宙膨張の開始は光の速さの何倍もの速さで起こることが可能なんだ。」

――ちょっと区別がつかないな。

「細かなことにこだわるようだけれど、後で重要なことだったとわかるよ。いずれにしても、宇宙は爆発に似た状態で膨張を開始して、現在までずっと膨張を続けてきたことになる。」

――ずっと宇宙膨張が続いてきたの？

特殊相対性理論（Special Relativity）
物質の速さが光の速さに近くなったときの運動の法則。

「それを禁じる理由がなければ、そのまま受け入れるしかない。それで、ビッグバン宇宙は重要なことをふたつ言っていることになる。」

――それは何？

「ひとつは、宇宙が有限の過去に始まったということだ。宇宙の年齢が無限ではなく有限で、現在では一三七億年ということになっている。」

――宇宙が無限に続いているのではなく有限だなんて、当たり前じゃない。

「当たり前ではないよ。むしろ、昔の人は宇宙は永遠に変わらないと考えていたからだ。ニュートン*やアインシュタインだって永遠の宇宙としていた。」

――でも、聖書では「始めに光ありき」と書かれているし、古事記は「国作り」から始まるでしょ。宇宙の始まりは神話で多く語られているって聞いたことがあるよ。

「よく知っているね。神話時代の人々は、宇宙も生き物と同じように、誕生があり成長がありというふうに考えていた。やがて、権力者が出てから、権

*アイザック・ニュートン(Issac Newton)
一六四二―一七二七。イングランドのウールスソープ生まれ。イギリスの物理学者・数学者・天文学者で、近代科学最大の科学者のひとり。

力が永遠であるように願って永遠に続く宇宙を考えるようになったのかもしれないね。おもしろい話があるよ。ビッグバンの名付け親の話だ。」

――ビッグバンという呼び方を考えた人のこと?

「宇宙が大爆発に似た状態から始まったという意味で、ビッグバンはうまい表現だよね。けれど、これはもともと宇宙は無限と考えていた人がバカにする意味で使ったんだよ。」

――なんだかややこしいね。

「六〇年ほど前、まだ宇宙は永遠に変わらないと主張する研究者もいたんだ。その一人にフレッド・ホイル*という有名な先生がいて、ラジオ放送で「最近、宇宙の始まりについて奇妙な理論を提案した人がいる」として紹介し、この理論を「大口を叩く」とか「はったりだ」という否定的な意味でビッグバンと呼んだんだ。それがよく当てはまったので、ビッグバン宇宙という名前が定着してしまった。」

フレッド・ホイル
(Fred Hoyle)
一九一五―二〇〇一。イギリスの天文学者。宇宙は永遠に変わらないとの立場をとる。考古学に詳しく、SFも書いている。

――否定するつもりが、宣伝することになったのね。

「心ならずも、そうなってしまったのは皮肉なことだね。」

――もうひとつは何？

「宇宙は一点から始まったけれど、そのときはすべて根源的な物質に壊れていた。ところが、現在は銀河が宇宙に散らばっている。すると、宇宙では根源的な物質が形を変えて進化し、最後に銀河が作られたことになる。つまり、宇宙は膨張とともに刻々と姿を変えてきたということだ。これを「進化宇宙」という。」

――宇宙は、人間と同じように、時間とともに成長してきたんだね。

「そうだ。父さんは、宇宙がどんなふうに進化して現在のような姿になってきたかを調べる研究をしてきたんだ。」

――やっと、父さんの話になってきたね。

「と言っても、父さんの仕事はたいしたことはないから、他の人の仕事の紹介になるけれど。」

——そんなに謙遜しなくていいよ。

宇宙の始まりと宇宙の果て

「宇宙の進化の話の前に、宇宙の始まりと宇宙の果ての話をしておこう。講演会などで話をすると、必ずそのふたつの質問が出るんだ。」

——そうだよ。宇宙が一点から始まったのなら、その前の宇宙はどうだったのか、そして宇宙に果てはあるのかないのか、友だちも不思議に思っていたよ。

「このふたつの問題は、簡単に答えられるけれど、それでは聞いている人にはすぐに納得してもらえないという意味でむつかしい問題だ。」

——なんだか、困っているみたいね。いいから、話してみて。まず、宇宙が始まる前はどうだったのか。

「宇宙が始まるということは、その瞬間に時間や空間も生まれたことになる。」

——宇宙は、空間と時間の意味だったね。

「まさに、何もないところ、つまり「無」から、時間が生まれ、空間が生まれた。」

——どこかの場所で?

「いや、どこかの場所を考えると、その場所はどうしてできたの? ということになるから、場所も考えない。「無」なんだ。」

——なんだか、むつかしくなりそう。

「まだ、完全にわかっていないから何とでも言えるけれど、要するに、時間も空間もない「無」の状態から、突然に時間や空間が生まれるとするんだ。時間について言うと、この瞬間に時間が生まれたんだから、それ以前は意味がないことになる。」

――どうして？

「以前という言葉は、暗黙のうちに、その前に同じ時間が流れていることを前提にしているだろう？」

――九時以前というと、九時の前にも同じように時計で測れる時間があると思っているね。

「ところが、同じように流れる時間がなければどうなる？」

――測れる時間がないのだから、その前とは言えなくなるね。

「ある瞬間から時計が動き出した、それが宇宙の誕生なのだから、その前はないんだ。だから、どうなっていたか言えない。」

――なんだか、ごまかされた感じね。

「だから、人は納得しないと言っただろう。私たちは、つい客観的かつ絶対的に時間が流れていると思っている。だから、その前は考えられると思ってしまうけれど、時間そのものが行き止まりになっていて、ある時点からしか始まらなかったら、その前は論じられないんだ。」

——でも、突然、時間が始まるなんて……。

「実は、宇宙の始まりのときは、時間と空間がまぜこぜになっていて、現在の私たちと共通する時間があるわけではないらしい。それをきちんと区分けするとか、時間の概念を拡張するとかの研究が進んでいる。今のところ、それしか言えないね。」

——わかったような、わからないようなことだね。じゃ、宇宙の果ては？

「宇宙の果ては、もう少しわかりやすい。宇宙の果てには、ふたつの意味がある。ひとつは、地球の地平線と同じで、私たちが見える範囲がひとつの果てになる。それ以上遠くの宇宙が見えないから、宇宙の果てと言えるね。」

——地平線は、地球が丸いために見える範囲が決まっていることでしょう？

「正確に言えば、地球が丸いためと光が直進する、つまり真っ直ぐしか進めないためだね。宇宙の場合、別に宇宙が丸いわけではなく、別の理由で地平線が生じてしまう。」

——どんな理由なの？

「見えるということは、そこから出た光が私たちに届くということだ。宇宙は誕生以来、まだ一三七億年しか経っていないから、光が到着できる距離は一三七億光年だ。だから、一三七億光年が宇宙の地平線になる。」

——それより向こうは見えないの？

「それより向こうの物体からの光は私たちに到着できないから見えない。光の速さが有限であることと、宇宙の年齢が有限であること、このふたつの理由で宇宙に地平線ができるわけだ。私たちが観測できるのはこの範囲でしかないから、宇宙の果てであることは確かだね。」

——観測できなくても、もっと遠くまで空間は続いているのではないの？その果てはどうなっているの？

「空間がどこまで続いているか、その果てはどうなっているのか？　という質問だね。もうひとつの宇宙の果てだ。これについては、もはや観測できないのだから、議論しても始まらないという意見もある。」

――それを言ってはおしまいだよ。たとえ観測できなくても、どこまで続いているか知りたいじゃない。

「たとえ見えなくても、どこまで続いているか知らないと安心できないよね。それで言うと、無限に遠くまで広がっているというのが現在の答えだ。だから、果てはないということになる。私たちが見える宇宙空間のようすを調べて、ずっと遠くの空間がどのように広がっているかを推定する方法だ。」

――無限で果てがないと言われたってわかった気がしないね。

「無限という概念はむつかしいからね。無限の部屋があるホテルが満員であっても、必ずあと一人は泊まれる。ひとつずつ次の番号の部屋に変わってもらえばいいからね。無限に一を足しても無限だから同じというわけだ。」

――無限だと、どこまでも同じ空間が広がっているということなの？

「なんだかとりとめなさそうだから、助け船を出そう。ずーっと遠くまで広がっていて、やがて別の宇宙に接しているかもしれない、とね。」

――別の宇宙と隣り合わせになっているの？

「実は、宇宙は私たちが住む宇宙ひとつだけでなく、たくさんあるかもしれない。孤立した宇宙もあるかもしれないけれど。隣り合わせで接し合っている宇宙があるって考えてもいい。もっとも、その宇宙は二次元だったり、六次元だったりして、私たちの宇宙の三次元空間とスムースにつながっている可能性は少ない。だから、関係があるわけではない。」

――関係がなくても、宇宙がたくさんあって、お隣がいるかもしれないって聞くと、何か安心できるね。

「人間って完全に孤立しているのは耐えられなくて、たとえ無関係であっても仲間が欲しいのだろうね。ここまで話を広げると、宇宙論の話ではなく人間論になってしまったね。」

——宇宙の話は、何か空想を刺激するようで楽しいね。

「そうだろう。わからなくてもアレコレ想像することを楽しめるのが人間かもしれないね。」

3　ビッグバン宇宙の歴史

インフレーション宇宙

——いよいよ、宇宙が始まってから、現在までどんなふうに進化してきたのかの話だね。

「ちょっと、むつかしいところもあるけれど、おおすじはわかると思うよ。」

——ビッグバンで宇宙が始まってから、一番初めに何が起こったの？

「まず、宇宙がインフレーションinflationを起こした。」

——インフレーションって、物の値段がどんどん高くなっていくことじゃないの。何の値段が上がったの？

「インフレーションといっても物価の上昇のことではなく、宇宙の膨張がどんどん速くなって、一気に何十桁も宇宙のサイズが大きくなったことを意味する。」

――なぜ、インフレーションというような言葉を使うの？

「少しの期間で、急速に増加することを、わかりやすいたとえで言おうとしたためだ。宇宙がインフレーションのように短い時間の間に急膨張したと考えられている。」

――それはビッグバンと矛盾しないの？

「ビッグバンで宇宙が生まれてから、すぐ後に起こったことだから、別に矛盾しない。」

――宇宙のインフレーションがあったとして、何か都合のいいことがあるの？

「いろいろあるけれど、そのひとつに宇宙が無限とも言えるくらい大きいのに、同じ姿に見えるということがある。」

――宇宙が同じ姿に見えるのは、当たり前じゃない？

「当たり前かどうか、ゆっくり考えてみなければならないよ。宇宙の姿が同じに見えるということは、その間に信号が伝わったことを意味する。例えば、遠く離れたAさんとBさんが、まったく同じ服装をしていたら、二人はどこかで打ち合わせしたと考えられるだろう？」

——きっと二人は、電話かメールで相談したんだ。

「つまり、二人は光の速さで伝わる電気信号をやりとりしたのだろうね。ところが、二人がずいぶん遠く離れていて、電気信号をやりとりする暇がなかったらどうだろう。」

——全然、打ち合わせできないとするんだね。

「さっき宇宙の始まりのとき、宇宙空間が光の速さより速く膨張したと言っただろう？　もし、AさんとBさんが始めから遠くに離れていて互いに光の速さ以上で遠ざかっていたら、信号をやりとりして打ち合わせすることができないね。それなのに、二人が同じ服装をしていたら、どう考える？」

——たまたま、偶然に同じになったのでしょう？

「二人だけでなく、宇宙のあちこちの人がみんな同じ服装だったら？」

——偶然というわけにはいかないね。きっと、どうかして打ち合わせしたんだ。

「そう考えるだろう？　そこで、宇宙がまだ小さかった頃に打ち合わせしておき、その後にいっきに宇宙が膨張して、互いに光では通信する時間がないくらい遠くまで離れてしまったとすればどうだろう。」

——そうか、今は遠く離れていて電話もメールも送るだけの時間はなくても、昔はもっと近くにいて打ち合わせできたんだ。

「そういう仕掛けだ。宇宙のインフレーションが発見されるまでは、たまたま偶然で同じ姿になっていると思われていたけれど、インフレーションのおかげで偶然に頼らなくてもすむというわけだ。」

——ちゃんと説明ができるということだね。

「他にも、これまでは偶然と思われていたことが、インフレーションを考えると素直に説明できることもある。それで宇宙にインフレーション時代があったと考えられるようになった。」

――インフレーションは、今も続いているの？

「いや、ビッグバンの直後に、ごく短時間続いただけだ。インフレーションが長く続くと、宇宙の物質は薄められて銀河が生まれなくなってしまう。現に銀河が生まれ、私たちが生きているのだから、インフレーションは長く続かず、その後は、ゆっくりした膨張を続けてきたことになる。」

物質のみの宇宙

――その次には宇宙で何が起こったの？

「これはいつの頃か、まだわかっていないけれど、やはり宇宙の早い時代に物質だけの宇宙になったと考えられている。」

――物質だけの宇宙って、それも当たり前じゃない。

「当たり前じゃないんだ。ビッグバンで宇宙が生まれたとき、宇宙には物質と反物質が同じ量だけ作られたはずなんだ。」

――反物質って何？

「物質と同じ重さだけれど、それ以外はすべて反対の性質を持つようなものが反物質で、物質と反物質がぶつかるとふたつは姿を消して光になってしまう。」

――なんだか変なものなのね？

「物理学の法則では物質と反物質はまったく対等だから、ビッグバンで作られたときは同じ量だけあった。ところが、現在の宇宙には反物質はなくて物質だけしかない。なぜこうなったのだろう。」

――どこかに反物質が隠れているんじゃないの？

「宇宙のどこを観測しても反物質は存在していないことがわかっている。それに、もし物質と反物質がほんとうに同じだけあったら、互いにぶつかりあって光になってしまい、宇宙には物質も残っていないはずなんだ。けれど、私たち物質でできた人間や地球や太陽や銀河が存在している。これはなぜだろう。」

——なんだか、むつかしいことばかり考えているような気がする。物質と反物質が同じ量にならないようになっていたらいいじゃない。

「いいこと言うね。物質と反物質が同じ量だけ生まれても、その壊れ方が少しだけ異なっていて、物質が反物質よりほんの少しだけ多く残るようになったらしいのだ。」

——ほんの少しだけって、どれくらい？

「一〇億分の一だけ物質の方が多くなった。一〇億分の九億九九九九万九九九九は、物質と反物質が同じだけあり、互いにぶつかりあって光になってしまった。残った一〇億分の一の物質で銀河や地球ができた、そう考えるんだ。」

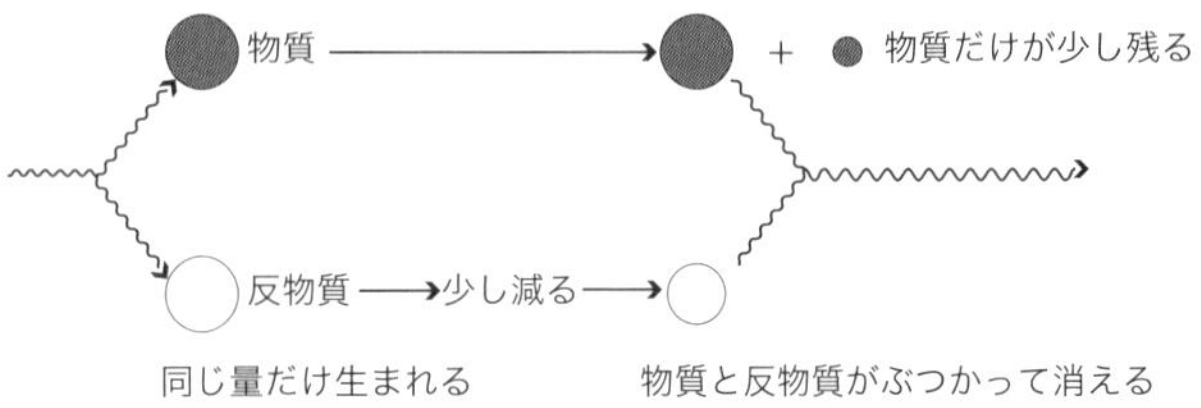

――でも、どうやって一〇億分の一だけ物質を多くすることができたの？

「まだ完全にはわかっていないがヒントはある。これが小林・益川の両氏にノーベル賞が授与された理由となっている。」*

――へー、二人のノーベル賞と関係があるの？　テレビでは、CP対称性の破れと言ってたけれど。

「CP対称性のCは物質と反物質の入れ替えのことで、それが同じではない、つまり対称性が破れているという話だ。小林・益川の仕事は、物質と反物質が異なった壊れ方をする理由を明らかにしたものなんだ。」

――ふーん、それで宇宙もうまく説明できるの？

「残念ながら、まだ十分に説明できてはいないけれど、そのうちにできると思うよ。」

*小林・益川の理論
物質の基本粒子が六個のクォークから成ることを予言し、それによって物質と反物質のふるまいが同じでないことを示した。

物質の成り立ち

——なんだか、むつかしい話が続いたね。

「これから、だんだんに私たちに身近になってくるよ。その前に、物質の成り立ちについて話しておこう。ビッグバンの時代に、いちばん根源的なものに壊れていた物質は、宇宙の膨張とともに、私たちが知っているものに変わってくるからだ。」

——私たちが知っている物って？

「私たちの体は何からできているか知ってるかな？」

——原子でしょう。

「正解だ。原子は「物質を作る最小の微粒子」という意味で、英語では鉄腕アトムのアトムだ。」

——原子って、どれくらいの大きさなの？

「原子は一億分の一センチくらいだよ。」

――すごーく小さいのね。そんなに小さな原子なら、ずいぶんたくさん集まって私たちの体を作っていることになるね？

「君の体を作っている原子の数は、一のあとにゼロが約二八個もつくくらい多い。」

――そんなに多いの？

「このコップ一杯の水の分子（原子がくっついたものだ）に赤い色をつけて海に注いで、全世界の海の中でよくかき混ぜられたとしよう。そして、海からコップ一杯の水を汲み上げたとき、もともとコップに入っていた赤い色の水の分子はいくつ入っていると思う？」

――全世界の海でよくかき混ぜるのでしょう？　それなら、ひとつも入っていないよ。だって、海は広くて深いから水がたくさんあって、コップ一杯の水は薄められてしまうから。

「ところが、計算すると約一〇〇個は入っている。」

――えー、一〇〇個も？　なぜ、そんなに入っているの？

「コップ一杯の水には、水を作る分子が一のあとにゼロが二三個もある。それを海の水全体で薄めても、一〇〇個はコップに入ってくるんだ。いかに原子の数が多いかがわかるような気がするだろう？」

――私たちの体も、そんなにたくさんの原子が順序よく並んでいるのだね。

「ところで、原子は何でできているか、知ってるかい？」

――えーと、電子と……。

「原子核だ。ところで、電子のことよく知ってたね。」

――電子が動くと電流になるってことも知ってるよ。

「すごいね。電子はマイナスの電気を持っていて、それが銅線を流れて電流になり、電灯を灯したり、冷蔵庫を冷やしたりしている。」

――じゃ、原子核っていうのは何？

「原子の中心、つまり核にあるという意味で原子核だ。元素ともいう。プラ

コップ一杯の水の量	200cc
コップ一杯の水分子の数	6.5×10^{23} 個
海の体積	$1.3 \times 10^{9}\text{km}^{3} = 1.3 \times 10^{24}\text{cc}$

$$\text{コップ一杯の水分子の数} \times \frac{\text{コップの体積}}{\text{海の全体積}} = 100\ \text{個}$$

スの電気を持っている。原爆や原子力発電は、原子核の反応を利用したものだ。」

――その原子核は何でできているの？

「陽子というプラスの電気を持った粒子と、中性子という電気を持たない粒子から成り立っている。陽子と中性子の数の組合せによって異なった原子核になり、それがさまざまな原子の違いとなっている。電子と陽子や中性子のような粒子を「素粒子」と呼んでいる。原子の素になる粒子という意味だね。」

――原子は電気を持っているの？

「原子核の中のプラスの電気を持った陽子の数と、それを取り巻くマイナスの電気を持った電子の数が同じになっていて、全体として原子は電気を持たない。」

――原子はどうしてくっついているの？

「プラスの電気を持った原子核と、マイナスの電気を持った電子が、互いに電気の間に働く引きつけ合う力で結びついているんだ。そして、原子同士は内部の電気が少しだけ重なり合って結びついている。いずれも電気に働く力が作用しているんだ。」

——原子核はどれくらいの大きさなの？

「原子核は一〇兆分の一センチくらいで、原子を君の学校の運動場くらいの大きさとすると、原子核は砂粒ほどだ。」

——そんなに小さいものがよくわかったね。

「実は、原子核はすごく小さいけれど重くて、原子の重さのほとんどは原子核が持っている。だから、原子同士をぶつけると原子核があることはすぐにわかるんだ。」

——砂粒みたいに小さいのに、なぜ重いの？

「原子核を作る陽子や中性子は電子の二〇〇〇倍近くも重い。そして、それがぎっしりと詰め込まれているためだ。」

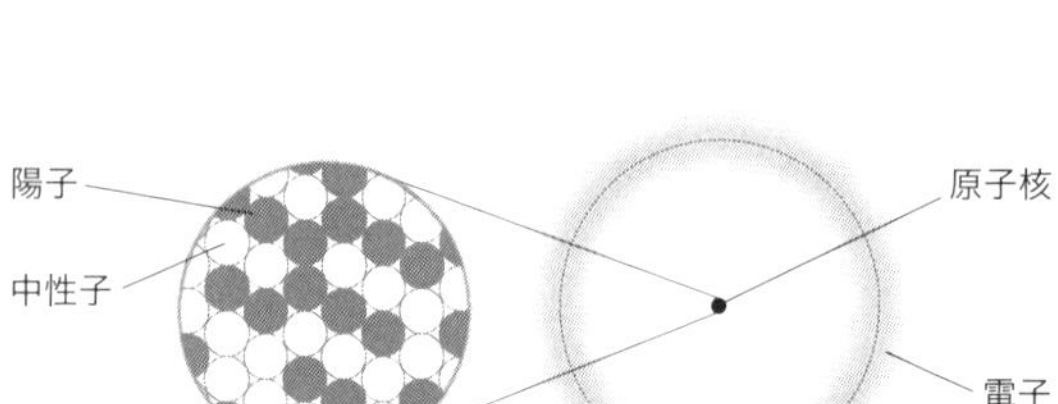

――どうして、ぎっしり詰め込むことができるの？

「原子核は、陽子や中性子の間に働く「強い力」で結びついている。この力は、一〇兆分の一センチくらいの距離にしか届かないけれど、電気の間に働く力の一万倍以上も強い。だから、ぎゅっと小さく結びつけることができるんだ。」

――なんで、中性子みたいな粒子があるのかな？

「答えるのがむつかしい質問だね。なんで、こんな粒子があるの？　というのは答えにくいんだよ。そういう粒子があると、都合がよい、うまくいくとしか言えないからだ。」

――じゃ、どんなことがうまくいくの？

「陽子はプラスの電気を持っているね。陽子ばかりを狭いところに閉じ込めると、陽子と陽子の間には強い電気力が働いて斥け合い、原子核がバラバラになってしまう。中性子のような電気を持たない粒子が間にはさまると、強い力で結び合えるようになってうまくいくんだ。」

——ふーん、原子核が陽子と中性子からできているのなら、電子も何かからできているの？

「いや、電子はもうそれ以上には分解できない。だから、ほんとうの素粒子だ。」

——じゃ、陽子や中性子も、それ以上分解できないほんとうの素粒子なの？

「いや、陽子や中性子は、クォークという、より基本の粒子から成り立っていることがわかっている。三個のクォークが集まって陽子や中性子ができているんだ。だから、陽子や中性子はほんとうの素粒子ではないけれど、昔から素粒子と呼ぶ習慣になっている。」

——タマネギの皮を一枚ずつむいていくみたいに、どんどん小さいものが中にあるんだね。

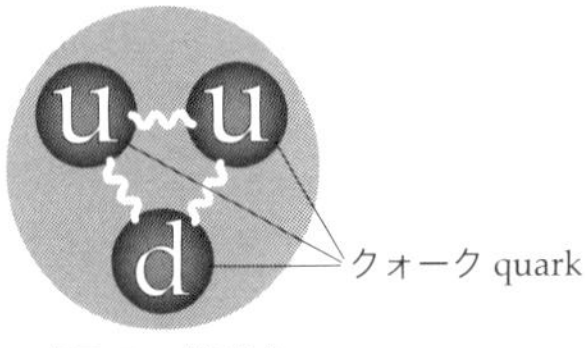

【陽子の構造】

「それに似たことになっているね。でも、今のところクォークより小さなものは見つかっていない。」

――じゃ、それでおしまいなの？

「おしまいなのか、おしまいでなく何かからできているか、まだわかっていないんだ。小林・益川が予言した通り、クォークは六種類あることが実験で確かめられているだけだ。父さんは、クォークも分解できて何かからできていると思っているけれど。」

――どうしてわからないの？

「素粒子が何からできているかを調べるためには、素粒子同士をものすごい速さでぶつけて壊さなければならないんだ。そのような素粒子をものすごい速さにする機械を加速器という。より小さなものに分解するためには、速度をより大きくしなければならず、加速器をより大型にする必要がある。それにはより多くのお金がかかる。そのため大型の設備を作るのが間に合わなく

u（アップ）	c（チャーム）	t（トップ）
d（ダウン）	s（ストレンジ）	b（ボトム）

6種類のクォーク

なっているんだ。」

――それで今はクォークまでわかったというわけね。

「そうだ。そこで、以上の物質の成り立ちをまとめよう。どうなるかな？」

――えーと、まだ分解できていないクォークがあって、それから陽子や中性子ができていて、陽子と中性子が結びついて原子核ができ、原子核は電子と一緒になって原子になっている。

「パチパチパチパチ、よく理解できたね。では、また宇宙では何が起こったかの話に戻ろう。」

ヘリウムの合成

――ビッグバンから宇宙はずっと膨張を続けているんだよね。

「うん、宇宙は超高温・超高密度の状態から膨張し続けている。膨張するから体積が大きくなり、温度も密度も下がっていく。」

——密度が下がっていくのはわかるけれど、温度も下がるの？

「周りと熱のやり取りをしないで膨張するのを「断熱膨張」という。そのときは温度が下がるんだ。ビールの栓を抜いたら、閉じ込められていたガスがぱっと広がるだろう？　そのときビンの栓のところに、うっすら霜がつくのが見える。温度が下がるため水蒸気が冷えて霜になるんだ。」

——父さん、ビールのことになるとよく見ているね。

「何でも科学になるからね。」

——密度や温度が下がっていくとどうなるの？

「根源的なものにまで壊れていた物が反応して、私たちが知っているクォークや原子核になっていくんだ。」

——どうして、壊れていたものから、ちゃんとした物ができるの？　お茶碗を壊したら元に戻らないのに。

「お茶碗と素粒子や原子とは違うんだ。素粒子や原子の世界では、温度が高い間は互いにぶつかり合って壊れるけれど、温度が下がってくるとぶつかり合っても壊れず、くっつき合って新しい何かができる。それを「反応」という。」

——水素と酸素をくっつけると水ができる反応を知っているよ。

「それと似たことだ。温度が非常に高いと水は水素と酸素に壊れるし、温度が下がるとくっついて水になるだろう？　言い換えると、温度が高い間は水素と酸素という原子に壊れていたのが、温度が下がるにつれてくっついて水の分子になるということだ。それと同じようなことが、素粒子の世界でも起こる。」

——温度が下がっていくと、これまで壊れてバラバラになっていたものが、くっついて新しいものに変わるということ？

「その通り。そこでクォークを作っている物質が何かあるとしよう。始めは宇宙の温度が高いからバラバラに壊れていたけれど、宇宙が膨張するに従い

$2H + O \longrightarrow H_2O$　（水分子ができる）

$H_2O \longrightarrow 2H + O$　（水分子が壊れる）

互いにくっついてクォークを作るという反応が起こったはずなんだ。」

――それはいつ頃のこと？

「宇宙が始まって一〇万分の一秒頃だ。」

――たった一〇万分の一秒なの？

「宇宙の温度や密度がどれくらいに下がってきたかを計算すれば、もうクォークが壊されない時刻は一〇万分の一秒くらいになる。」

――ほんの一瞬じゃない。そんな短い時間でクォークができるの？

「私たちの時間の感覚で言えばすごく短いね。でも、素粒子が壊れたり反応したりする時間はもっと短くて、一〇億分の一秒以下なんだ。それと比べると十分長いよ。」

――じゃ、こんどはクォークがくっついて陽子や中性子ができる番だ。

「それは一〇〇〇分の一秒くらいの頃かな。」

――これも短いね？

〔10万分の1秒〕
　？？⟶クォークができる

〔1000分の1秒〕
　3コのクォーク⟶陽子・中性子

「クォークができるのが一〇万分の一秒だろう？　その一〇〇倍も時間がかかってるから、十分長い時間だ。」

――一〇〇〇分の一秒が十分長いって、何だか、ごまかされているような感じだよ。

「別にごまかしてなんかいないよ。今度は、陽子と中性子が反応してヘリウムの原子核ができる。」

――ヘリウムって、お祭りのときにフーセンをふくらませるガスでしょう。

「そうだ。宣伝用の大きな宇宙船を浮かばせてもいる。この前の科学の祭典*のとき、ヘリウムの実験を見たと言ってたね。」

――うん、なんにもしていないのに、液体のヘリウムが細い管を昇って外に出てしまうの。不思議でしょうがなかった。

「ふつうの水でも細い管を昇るけれど、粘りっけがあるのである高さ以上は昇れない。ところがヘリウムは低温にすると粘りっけがなくなって、どんな

*科学の祭典
文部科学省が主催する科学の展示や実験を一堂に集めて公開する祭り。

高さにも昇れるんだ。これを「超流動」という。」

——そのヘリウムが宇宙でできたというわけ？　いつ頃？

「宇宙が始まって三分くらいの頃だ。といっても、宇宙の温度は一億度もあった。」

——そんな高い温度でヘリウムができたの？

「それくらい温度が高くないと反応が早く進まないからね。宇宙膨張で温度がどんどん下がっていくから、それに遅れないように反応が進んだんだ。」

——でも、ヘリウムがほんとうに宇宙でできたという証拠があるの？

「後で話すけれど、ほとんどの元素は星の中でできたと考えられている。けれど、ヘリウムだけは星の中では十分に作られないことがわかっている。だとすれば、宇宙の初めの三分間でできたと考えざるを得ないのだ。」

——じゃ、ヘリウムって宇宙の贈り物だね。

「うまいこと言うね。ヘリウムは宇宙そのものが私たちに贈ってくれた宝物

〔3分頃〕

2n + 2p ⟶ He（ヘリウム）

2個の中性子　2個の陽子

だ。」

宇宙背景放射

——それから宇宙には何が起こったの？

「ヘリウムを作ってから、宇宙ではあまりたいしたことは起こらなかった。原子核を作るのには温度が低すぎるし、原子になるには温度が高すぎるからだ。その間は、陽子と電子とヘリウムの原子核という電気を帯びた粒子が飛び交っていた。これを「プラズマ」という。」

——プラズマというのは、ふつうの物質とどう違うの？　ガスなんでしょ。

「ガスなんだけれど、私たちが呼吸に使っている空気とは違う。空気は、窒素や酸素が分子となって広がっている。分子は原子がくっついたもので、電気を帯びていない。プラズマは、原子を作っている原子核と電子がバラバラになった状態で、電気を帯びた粒子の集まりなんだ。」

温度が上がると

空気　N_2（窒素分子）, O_2（酸素分子）⟶ N（窒素原子）, O（酸素原子）

↓ さらに温度が上がると

プラズマ
- N^+（プラスの電荷をもった窒素）
- O^+（プラスの電荷をもった酸素）
- e^-（電子）

――まだ、原子にはなっていないんだ。

「よくわかったね。温度が高いため、原子が原子核と電子に壊れている状態と言ってもいい。」

――だったら、宇宙の温度がもっと下がったら、原子核と電子がくっついて原子になるの？

「なかなか鋭いね。その通りだ。宇宙が始まってから三八万年頃のことだ。その前に、「熱放射」のことを話しておかねばならない。」

――熱放射って何？

「温度を持っている物質はすべて光を放っている。これを熱放射と呼んでいるんだ。」

――温度を持ってる熱い物質は光を出しているの？

「そうだ。もっとも光といっても、目に見える光だけでなく、温度が一〇〇〇万度もあるとX線を出すし、温度が一〇〇〇度以下なら赤外線を出す。一万度から一〇〇〇〇万度の間なら目に見える光を放射する。」

――じゃ、体温がある私たちも光を出しているの？

「むろん、私たちも光を発している。人間はすべて輝いているんだ。」

――でも、目には見えないよ。

「体温は三六度くらいだから、赤外線を出していて見えない。けれど、泥棒よけの防犯カメラは赤外線で写せるから、真っ暗でも泥棒の写真が撮れる。」

――そうか。なんで真っ暗なのに写真が撮れるのか不思議に思っていたよ。

「宇宙の話に戻すと、物質がプラズマ状態になっていて、それから熱放射が出て、プラズマの粒子とぶつかりあっていたんだ。」

――じゃ、光とプラズマ粒子が一緒になって膨張していたんだ。

「その通りだ。やがて温度が下がっていくと、原子核と電子がくっついて原子ができるようになる。」

――それが三八万年頃？

「そうだ。温度が三〇〇〇度以下になって、すべての粒子は互いにくっつき合って原子になってしまった。」

――やっと原子ができたね。でも、それで宇宙にどんな影響を与えたの？

「この頃の熱放射は赤や青の目に見える光だけれど、原子とはほとんどぶつからずに、素通りしてしまうんだ。」

――どうして？

「熱放射は、電気を持つプラズマとはぶつかり合えるけれど、電気を持たない原子だと知らん顔して通り過ぎるからだ。光は電気を目印にして物質と反応するんだ。」

――ふーん、じゃ原子と光は別々になっちゃうの？

「うん、原子はガスだけれど海のように広がり、光はそこを吹く風みたいなもので、それぞれ別々に膨張する。それで、これを物質（原子）と放射（光）の分離とか、宇宙の晴れ上がりという。」

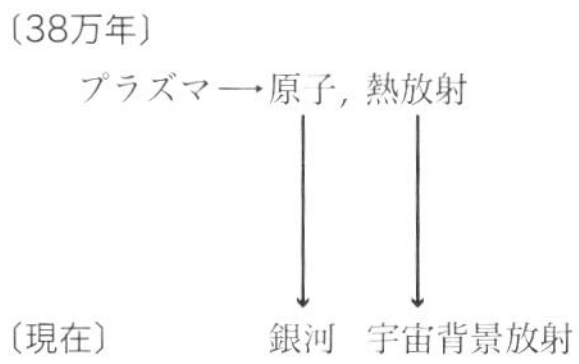

――どうして宇宙の晴れ上がりっていうの？

「空に雲があると光は雲とぶつかって真っ直ぐ進めないけれど、雲がなくなると光は真っ直ぐ進むようになって空が晴れるだろう？　それと似ているからだよ。」

――くもりのち晴れか。

「うまいこと言うね。そうして真っ直ぐ飛べるようになった光は、現在の私たちに降り注いでいるんだ。」

――宇宙から青や赤の光が降り注いでいるのなら、なぜ夜空が明るくならないの？

「宇宙が膨張しているから、それによって光の波が引き伸ばされるんだ。そのため、青や赤の目に見える光だったものが引き伸ばされて、現在は電波の雨となって降り注いでいる。だから別に空が明るくなるわけではないんだ。」

――電波の雨か。どうかしてつかまえることができているの？

「ようやく一九六五年に、電波望遠鏡で観測することができた。これを「宇宙背景放射」と呼んでいる。すべての天体の後ろ（背景）からやってくる宇宙からの放射、という意味だ。」

――すべての天体の後ろからやってくるって、どういうこと？

「まだ天体ができる前に放たれた放射だろう。そうすると、すべての天体よりもっと昔、つまりもっと向こうから来ているだろう？」

――そうか、より昔の光は、より遠くから来ているんだ。

「そういうこと。この宇宙背景放射を観測するということは、まだ三八万年しか経っていない頃の宇宙の姿を見ていることになる。」

――たった三八万年頃の宇宙の姿なの？

「そういうこと。天体が何もないから、どこの方向からも同じ強さで電波がやってきているんだ。でも、その電波は見ることができるよ。」

――電波は目に見えないでしょう？　ラジオやテレビも電波で送られてき

ているけれど、目に見えないじゃない。

「テレビでは、やって来ている電波を画面では目に見えるように変えているよね。それと同じで、宇宙から来ている電波を受けて目に見えるようにできる。テレビの放映が終わった後、画面がチカチカ輝くだろう？　あれは、冷蔵庫などから出ている電波雑音を拾っているためだね。チカチカには、宇宙から来ている電波も混じっているんだよ。どれとは言えないけれど。」

——すぐ近くの台所からの電波と遠くの宇宙からの電波とが混じっているってわけね。

「なんだか不思議だろう？　この宇宙背景放射の発見で、ビッグバン宇宙の直接の証拠が得られたことになる。宇宙がかつて熱くて、熱放射が行き交っていた、その名残の光が宇宙背景放射ということになるからね。」

――光の方の話ばかりだったけれど、原子の方はどうなったの？

「原子は海のように広がっていたね。そこから銀河が生まれたんだ。」

――簡単に銀河が生まれたっていうけれど、海のように広がっていてどのようにして銀河が生まれたの？

「海にさざ波が立っていたとしよう。」

――さざ波って、小さな波のことだね。

「そう、実は音の波のようなものだ。音はどのように伝わるか知っているかな。」

――音は、空気が押されて少し密度が高いところと低いところができ、それが次々に伝わっていくんだ。

「よく知っていたね。別に空気だけでなく、海の水でも鉄の棒でも同じだ。少し密度の凸凹ができ、それが縮まったり広がったりしながら伝わっていく。」

——物が動いていくんではなく、音の波として伝わる。

「それが音波だね。ここで、密度が少し高くなった部分を考えてみよう。密度が周りより少し高いと、同じ大きさで比べると周りより少しだけ重いだろう？」

——少しよけいに物があるからね。

「重いと、周りより万有引力で惹きつける力が強いね。」

——互いに引っ張りっこしてるとすると、よけいに引っ張れる。

「すると、周りの物を惹きつけるから、もっと密度が高くなる。そうすると？」

——よけい引っ張る力も強くなる。すると、よけい密度が高くなる。密度が高くなるとよけいに引っ張れるからどんどん高くなっていく。

「もし、波として伝わる前にこのようなことがすばやく起こると、どうなるだろうね。」

——密度の高い部分がますます高くなって縮んでいくのかしら。

「そうだ。万有引力を重力ともいうけれど、少し密度が高い部分ができると、自分の重力がどんどん強くなって、ますます密度が高くなっていく、これを「重力不安定」というんだ。」

——不安定っていうのは？

「不安定というのは、一般にズレがおこったとき、そのズレが原因となって、ますますズレが大きくなっていく現象だ。」

——他に、どんなことがあるの？

「いくらでもあるよ。鉛筆を立てておいて少し傾けると？」

——すぐに倒れてしまう。

「少し傾けると、重心の位置が鉛筆の底面からずれる。そうすると、ずれた方向の重力によってますますずれて倒れてしまう。」

——鉛筆が倒れるのは当たり前のようだけれど、不安定のひとつの例なんだね。

「遅れる電車はますます遅れていくから、ときどき時間調整のために電車の停車を長引かせることもあるね。」

——勉強ができなくなると、わからないことがどんどん増えるから、ますます勉強ができなくなる。

「なんだか、自分のことを言ってるみたいだね。一般に、悪循環と言われるものは不安定が起こす現象だ。重力不安定は、いつでも引力として重力が働くため、物質をどんどん引きつけていくことが原因となって起こる不安定のことだ。これによって銀河が生まれたんだ。」

【銀河の形成】

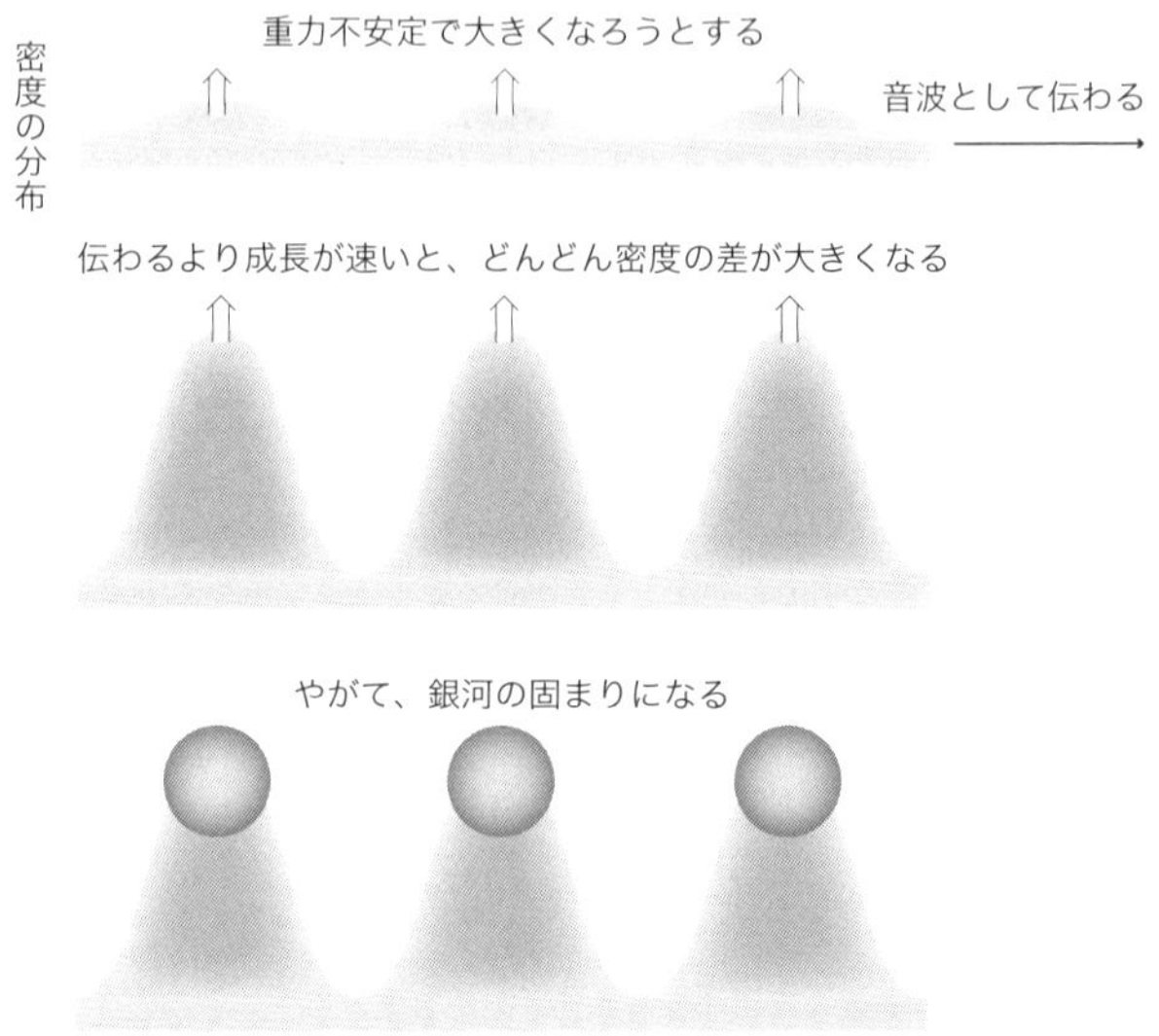

重力不安定で大きくなろうとする
密度の分布
音波として伝わる
伝わるより成長が速いと、どんどん密度の差が大きくなる
やがて、銀河の固まりになる

——原子の海で、少し密度が高い部分があれば、やがて自分で固まっていったんだね。

「音波が伝わるよりも速く縮んでいけるくらい大きな固まりならそういうことが起こるということだ。」

——それは早い時間で起こったの？

「いや、縮んでゆく時間はゆっくりしていて、最初の銀河が生まれたのは二億年後のことだと思われている。」

——二億年も経ってからのことなの？

「そうだ。だから、宇宙の晴れ上がりの三八万年から二億年までの間を、宇宙の「暗黒時代」と呼んでいる？」

——暗黒時代？　野蛮な時代みたいな感じね。

「別に野蛮な時代ではない。宇宙には原子の海が広がっていて、まだひとつも輝く天体がなく、文字通り真っ暗な時代であったからだ。」

――二億年頃に最初の銀河が生まれてから、ぞくぞく銀河が生まれてきたの？

「たぶん、銀河の形成は現在まで続いているだろうね。もっとも、一〇億年から五〇億年くらいの間に銀河形成のピークがあって、それから量は減ってきたようだけれど。」

――銀河の形成にも、多い時期や少ない時期があったのかしら？

「始めにどれくらい密度の凸凹があったかにもよるし、いったん小さな銀河が生まれてから、それらが集まって大きな銀河になった可能性もある。これらは今研究中だ。」

――銀河がたくさん集まった銀河団というものもあったわね。

「そこでは、銀河同士が互いにぶつかっているものも見つかっている。また、比較的小さい銀河がたくさんあって、それらが大きな銀河に飲み込まれようとしている姿も観測されている。銀河が生まれてからもさまざまなことが起こったようなのだ。」

——銀河にもいろんな歴史があるんだね、

「父さんは「宇宙の大規模構造」の研究をしたことがあるよ。」

——宇宙の大規模構造って何？

「宇宙における銀河の分布を調べると、孤立した銀河は少なくて、泡の膜のような形で連なっているということだ。シャボン液に息を吹き込むと泡がモクモクと盛り上がってくるだろう？　宇宙の姿がそれに似ているって。」

——えー、宇宙が泡のようになっているって言うの？

「銀河が連なっている場所を結んでいくと泡の膜のように見え、その内部には銀河がほとんど存在しない空洞のようになっている、そんな姿を想像したんだ。」

——ずいぶん思い切った想像ね。でもほんとうかなー。

「実際、銀河の分布を観測すると泡のような形に連なっていることがわかって、「宇宙の泡構造」と呼ばれている。」

——へー、父さんの想像が当たったんだ。

「ところが、父さんが予言した泡よりずっと大きな泡ばかりで、父さんの理論は泡のように消えてしまった。」

——どうせそんなことだと思っていた。でも、どうして泡のような形で連なっているのかしら。

「始めにあった密度の凸凹が重力不安定で成長してきたとき、互いに影響し合ってつながったのだろうね。いずれにしても、銀河はぽつんぽつんとひとつずつ生まれたのではなく、いくつもが生まれてはぶつかって大きく成長したり、あるいは壊されたりしてきたんだ。その結果として、泡のように連なったんだと思うよ。」

——宇宙全体で銀河が星座のようにいろんな形で分布してたら楽しいだろ

【宇宙の泡構造】

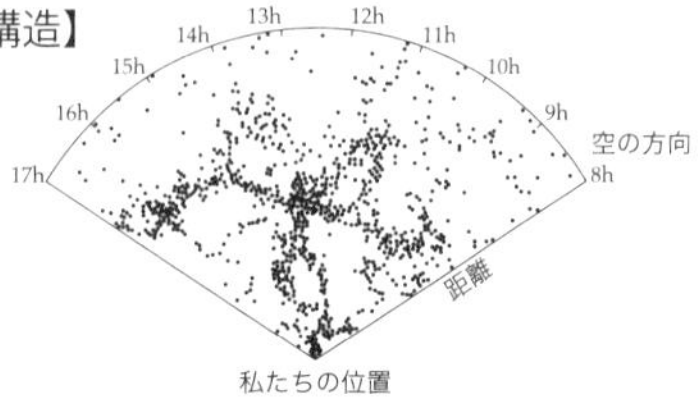

うな。

「星座は遠くの星や近くの星がたまたま同じ方向にあって、何かのような形に見えているだけなんだ。星はどれも勝手な方向へ動いているから、一〇万年以上経つと星座の形は変わってしまう。銀河の場合は、ものすごく広い空間に広がっているから、そう簡単には形を変えることにはならない。銀河座ができたらおもしろいだろうね。」

——でも、大きな望遠鏡を使わなければ見えないので、身近ではないね。

「そういうことだ。しかし、銀河が生まれてから、もうひとつ大きな事件があったんだ。」

——どんな事件なの？

「宇宙の物質は、三八万年の頃に原子になってしまった。そして二億年の頃から銀河が生まれ始めた。ところが、すべての原子が銀河になってしまったわけではないようなんだ。銀河になっているのは一〇分の一くらいだから。

ところが、残っているはずの一〇分の九もの原子が見つからないんだ。」

――見つからないって、どこかに隠れているの？

「どうやら原子という形ではなくて、またプラズマに戻ってしまったらしい。」

――プラズマというと、原子核と電子がバラバラになっているってこと？

「そうだ。原子に紫外線なんかが当たると電子がはぎ取られてイオンになってしまう。原子から電子が取られるとイオンになり、イオンと電子の集まりがプラズマというわけだ。」

――宇宙の紫外線が強くなったの？

「うん、それによって原子が暖められて壊され、電子がはぎ取られたらしい。これを「宇宙の再加熱」と呼んでいる。膨張で冷やされてきた宇宙がもう一度暖められたからだ。」

――それは銀河が起こしたことなの？

「そうとしか考えられない。今から、一二五億年前くらいのことだ。多くの銀河が一斉に輝き始めて、大量の紫外線を出したためだろうね。」

――宇宙は冷たくなったり熱くなったりと、いろんな変化をしてきたんだね。

「そういうことだ。これでともかく銀河宇宙になったところまできたね。銀河の進化を話す前に、ちょっとむつかしいけれど、宇宙におけるふたつのダーク成分について話しておこう。現代の宇宙論の大問題だからね。」

ふたつのダーク成分

――宇宙論の大問題っておおげさだね。そのダーク成分って何のこと？

「暗くて見えない成分っていう意味だけれど、父さんは「わけのわからない成分」と呼んでいる。」

――わけのわからないってどういう意味？

「それはこれからの話でわかるだろう。まず、ダークマターdark matterだ。ダークは黒い、あるいは暗黒って言う意味で、マターは物質だ。」

——じゃ、ダークマターは暗黒物質ということ？

「そう。正確には、光を放たず、暗いため姿が見えない物質のことで、それが大量にある、という問題だ。」

——私たちには明るく光を放っているものしか見えないのでしょう？　なぜ、暗くて見えない物質が大量にあるってわかるの？

「回転する銀河を考えてみよう。外の方の星はぐるぐる速く回っているけれど、それが銀河から飛び散っているようには見えない。そうすると、その星に働く力が釣り合っていると考えざるを得ない。」

——星に働く力って？

「星には万有引力が働いている。銀河の内部に引きつけようとする力だ。一方、星は銀河の中心に対してぐるぐる回転しているから遠心力が働く。」

——地球が太陽に落ち込まないのも、同じことだね。

「その通り。そのふたつの力がちょうど釣り合って決まった軌道を運動することができるんだ。そこで、銀河内部で輝いている星やガスの重さを測ってみる。どれくらい万有引力がかかっているか計算するためだ。」

——太陽の重さがわかれば地球にかかる万有引力がわかるのと同じね。

「地球の場合は、太陽の重さで万有引力の大きさはほとんど決まっている。銀河の場合は多くの星があり、ガスもあるから、それら全体の重さを調べる必要がある。ところが、どんなに計算しても重さが足りない。つまり、遠心力に見合うだけの万有引力が働いていないらしいのだ。」

——遠心力は、どう計算するのだっけ？

「遠心力は、回転する速さと銀河中心からの距離で決まっている。だから、銀河内部の星の位置と回転する速さがわかれば決まるんだ。」

——万有引力が足りなかったら、銀河は遠心力でバラバラになってしまう

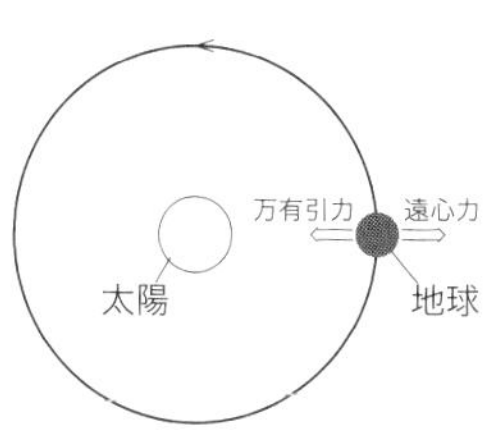

んじゃない？

「ところが、そのようには見えない。どの回転する銀河も壊れていそうではないからね。そうすると、星やガスが及ぼす万有引力より強い力が働いているはず、ということになる。」

――じゃ、何か別のものが万有引力を及ぼしているの？

「それがダークマターなんだ。星と違って光では姿は見えない。けれど万有引力を及ぼしている。」

――なんか幽霊のようなものだね。

「その幽霊のようなものを考えないと、回転する銀河は壊れてしまうはずだ。万有引力を及ぼすのだから重さを持っている。」

――重さがあって見えないものなの？

「そうだ。いろいろ調べると、見えないダークマターは見えている星（これは原子でできている）の五倍も多く存在しなければならないことがわかってきた。」

——五倍も多いの？　ダークマターって何なの？

「それがわからない。光を発することができないけれど重さを持つ、そんな物質を考えなければならないんだ。」

——惑星のような自分では光らない星があるじゃない。

「それもひとつの候補だ。でも数が足りない。何しろ輝く星の五倍もの重さだからね。他にもいろんな候補が考えられているけれど、まだ決定的なものは何も見つかっていない。わけがわからない成分だね。」

——光っている星以外に、たくさんの光らない物質があるなんて不安だね。

「もっと、不安なものがある。もうひとつのダーク成分で、父さんたちは「ダークエネルギー dark energy」と呼んでいる。」

——マターの次はエネルギーか。それは何なの？

「ダークマターは重さを持っていて、それが及ぼす万有引力で決めている。

ダークエネルギーは万有引力ではなく、宇宙斥力だ。」

――宇宙斥力って？

「宇宙空間に分布する銀河を互いに斥ける、あるいは遠ざけるように働く力のことだ。」

――そんな力があるの？

「もともと、アインシュタインが物理的根拠なしに持ち込んだ力なんだ。アインシュタインは、宇宙の運動を調べていたとき、どうしても膨張したり収縮したりする答しか出てこなかった。ところがアインシュタインは、宇宙は静止していて永遠に姿が変わらないと考えていた。」

――どうしてなの？

「地球が太陽の周りを回っていること、今でも考えづらいだろう？　ましてや、宇宙が膨張して大きくなっているって、誰も考えなかった。天才のアインシュタインだって例外ではないのさ。」

――それでアインシュタインはどうしたの？

「宇宙に存在する銀河の間には万有引力が働いて収縮しようとする。そこで、それに対抗するため根拠のない斥力を持ち込んでふたつの力が釣り合うようにしたんだ。すると宇宙は静止する。」

――それが宇宙斥力なの？　どうして、よく知っている遠心力みたいな力を考えなかったの？

「正式には「宇宙項」というんだが、それしか力を釣り合わせる方法がなかったからだ。遠心力だと宇宙は回転していなければならないけれど、宇宙は回転しているように見えない。それに回転していると、回転する軸の方向が特別になってしまう。」

――特別な方向があってはダメなの？

「宇宙は、どこでも同じであり（一様）、どの方向も同じ（等方）、と考えられる。これを「宇宙原理」と呼ぶ。宇宙には特別な場所や特別な方向はない、というわけだ。」

——だから、どこでも働く宇宙斥力を考えたの？

「そうだ。ところが、ハッブルが宇宙膨張を発見したので、もう宇宙斥力は不要になってしまった。アインシュタインは「生涯最大の失敗」と言って、宇宙斥力を引っ込めたそうだ。」

——残念だね。じゃ、もう宇宙斥力はいらなくなったの？

「ところが、それが復活したんだ。遠くの銀河が宇宙膨張で遠ざかっている速さを測ると、予想より速いという結果になった。それを説明するためには、互いに遠ざけるように働く力、つまり宇宙斥力を考えざるを得なくなった。」

——宇宙斥力があった方が都合がいいんだ。

「それ以外にも、宇宙斥力があるという証拠がいくつも見つかってきた。宇宙の大きな空間で働くとすれば都合がいいんだ。力には必ずエネルギーを伴っている。しかし、その物理的根拠は明らかではない。それでわけのわからないという意味のダークをつけて、ダークエネルギーと呼ぶようになった。」

——どれくらいあるの？

「そのエネルギーの大きさを比べると、輝く星のような原子でできた物質の一六倍くらい、ダークマターの三倍にもなる。」

——えっ、そんなにたくさんあるの。正体はまだわかっていないの？

「まったく、わかっていない。ビッグバン理論は正しいと思われているけれど、ダークマターとダークエネルギーという、ふたつのわけのわからない成分の助けが必要だ。その意味で、まだ未完成の理論と言わざるを得ない。」

——まだまだ研究しなければならないということだね。

「研究って、そういうものだ。ひとつを解決したと思えば、その何倍もの謎が出てくる。だからこそ研究を続ける楽しみがある、とも言えるんだけれど。」

4　銀河の進化と太陽系

星の進化

――私たちは天の川銀河に住んでいるね。それはいつ頃うまれたの？

「正確にはわかっていない。けれど一二〇億年以上は経っているだろうね。」

――どうしてわかるの？

「私たちの銀河は、天の川銀河、あるいは銀河系とも呼ぶけれど、そこには最も古いと思われる星の集団がある。「球状星団」と呼ばれるもので、その年齢が一二〇億歳とされているんだ。だから、それよりは古い。」

――星が古いとか新しいとかは、何で見分けるの？

「古い星は質量（重さのことだね）が小さく、赤く輝いているのに対し、新しい星（若い星ってことだ）は質量が大きく、青く輝いている。赤く輝くのは表面の温度が低い証拠で、三〇〇〇度くらいかな。青く輝くのは表面の温度が高く、一万度以上の星もある。」

——赤くて小さいのが古い星、青くて大きいのが新しい星ってわけね。

「うん、それ以外にとても重要な差がある。炭素や酸素や鉄などの元素は、水素やヘリウムと比べて重いので「重元素」と呼んでいるけれど、古い星には重元素が少なく、新しい星には重元素が多いという特徴があるんだ。それはこれから話す、銀河での物質循環や星の進化のことを知ればわかるよ。」

——えー、生き物がアメーバから人間にまで進化してきたみたいに星も進化するの？

「同じ進化という言葉を使っているけれど違うんだ。生き物の進化は、生物が時間とともに、より複雑な仕組みになって体型が変化してきたことを意味するけれど、星の進化は、時間とともに、より安定した構造に変化してきたことを意味する。」

（古い星）
　小さくて赤く輝く
　重元素が少ない

（新しい星）
　大きくて青く輝く
　重元素が多い

――どういうこと？

「星は輝いてエネルギーを放出してるね。」

――当たり前じゃない。輝いているから星として見えるんだから。

「じゃあ、そのエネルギー源は何だろう？」

――まさか、石炭が燃えているのではないでしょう？

「星のエネルギー源は、原子核反応だ。水素がくっついてヘリウム、ヘリウムがくっついて炭素や酸素というふうに、軽い原子核がくっついて重い原子核に変わるとエネルギーが出るんだ。これを「核融合」という。しかし、いくら星が大きいといっても限りがあるから、そのうちに燃料がなくなるだろう？」

――燃料って軽い原子核のこと？

「そうだ。ほとんどの星は水素からヘリウムに変わる反応でエネルギーを補給している。水素がなくなると、次はヘリウムが反応を起こす。ヘリウムがなくなると炭素や酸素が反応し、最後は鉄になってしまう。」

――鉄が最後なの？

「鉄より重くなると、くっついてもエネルギーが出なくなる。たとえば、ここに階段があって、玉が上の段からから下の段へところがり落ちていくことを考えてみよう。玉がひとつ下の段に落ちるとどうなる？」

――玉が段を落ちるとスピードがつく。

「つまり、玉のエネルギーが大きくなるということだね。そこで、階段の一番上の段に最も軽い水素があり、少し低い段のところに次に軽いヘリウムがあり、さらに低い段のところに重い炭素や酸素があり、一番下の段に最も重い鉄があるとしよう。水素からヘリウム、ヘリウムから炭素や酸素、炭素や酸素から鉄へと変わっていくことは、玉が階段を落ちていくのに似ているね。ひとつ段を落ちる度に玉が得たエネルギーを星が順々に使っていくようなものだ。」

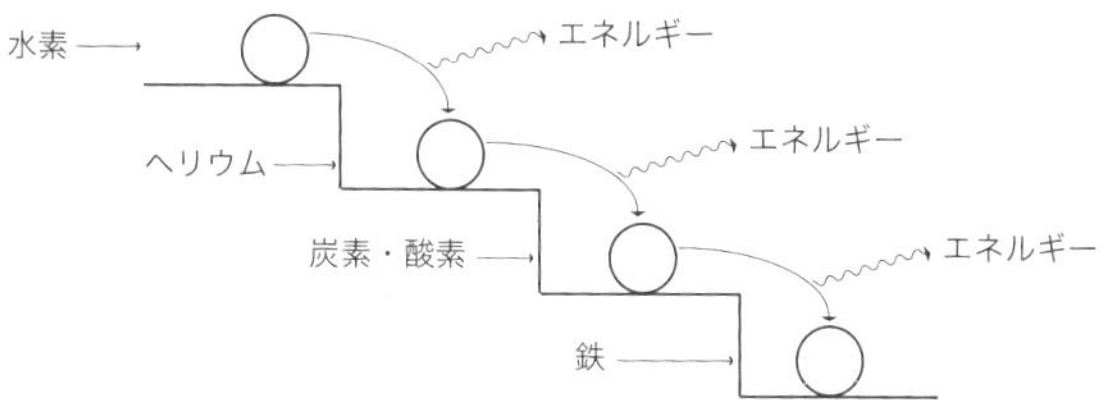

――ふーん、玉が下へ落ちる度にエネルギーが出るってわけね。

「そういうこと。物理学の言葉ではより安定な状態に変わっていくという。」

――さっきは不安定だったけれど、今度は安定か。

「よりエネルギーの低い状態に移っていくからだ。階段の上の方より下の方が危険度がより低いという意味で安定という。そして、一番下の鉄になってしまうと、もはや下に落ちることはない。最も安定というわけだ。星の進化とは、星内部の原子核が鉄にむかって変わっていくこと、と言うことができる。」

――星は、みんな鉄に変わっていくの？

「いや、鉄を作るまで進化せずに途中で止まってしまう星もある。」

――どうして、途中で止まってしまうの？

「星は重いほど重力が強いから内部の温度が高くなって反応が進みやすい。

軽い星は重力が弱く、温度もあまり上がらないので途中で反応が止まってしまうのだ。だから、太陽の八倍以上も重い星は鉄まで作るけれど、太陽くらいの星だと水素がヘリウムに変わっておしまいになり、太陽の数倍の重さだと炭素や酸素でおしまいになる。」

——星は重さによって違った運命になるんだね。

「その上、重い星ほど寿命が短い。たくさんエネルギーを出すから早く燃え尽きてしまうんだ。反対に軽い星は、ゆっくりエネルギーを出しているから寿命が長くなる。」

——星の寿命って、どれくらいなの？

「太陽はだいたい一〇〇億年の間輝き続ける。太陽の一〇倍もの重さだと三千万年くらい、もっと重いと三〇〇万年になる。」

——ずいぶん長いのね。

「太陽の寿命を人間と同じ一〇〇歳としよう。すると、太陽の一〇倍の星は三〇〇分の一だから四ヵ月、もっと重いとその一〇分の一だから二五日くらいしかない。」

——そう考えると、重い星の寿命が短いって気になるね。

「ものは言いようだ。太陽の〇・九倍の星だと宇宙の年齢くらいで、それより軽いと宇宙年齢より長い。」

——寿命を迎えると、それで星はもう輝かなくなるだけなの？

「星の最後も重さによって違ってくる。太陽の重さの八倍以下の星は、鉄までできずに途中で反応が止まってしまう。けれど、表面がどんどん膨らんで、最後にはガスが星から逃げだしてしまう。」


【星の一生】

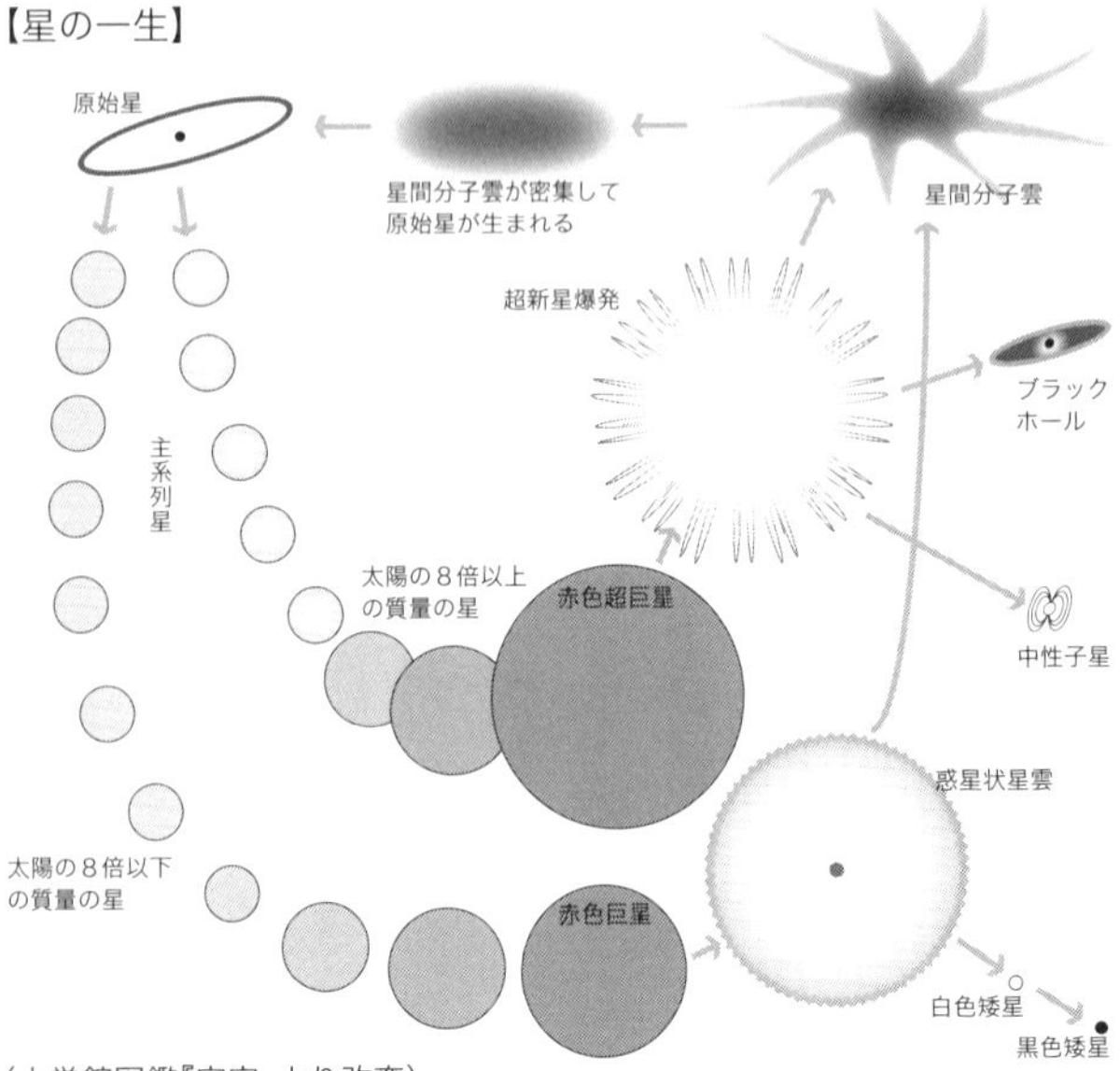

（小学館図鑑『宇宙』より改変）

――何にも残らないの？

「星の芯は残る。それが「白色矮星」と呼ばれる小さな星で、たくさん見つかっている。太陽の八倍以上の重さを持つ星は、最後に大爆発を起こしてバラバラになってしまう。そして中心に「中性子星」という芯を残す。中性子星発見をめぐるおもしろい話があるよ。」

――どんな話なの？

「一九六七年、イギリスのジョスリン・ベル*という大学院生が電波望遠鏡で空を観測していた。そのうちに、空のある方向から奇妙な電波がやってくることに気がついた。」

――奇妙な電波って、どんな電波？

「ピッ、ピッ、ピッと、一秒間隔くらいで実に規則的にやってくる電波だった。三日後に、空の同じ方向に望遠鏡を向けても同じ電波がやってくる。むろん、他の方向だとやって来ないから、近くの実験室からの雑音ではない。」

*ジョスリン・ベル
(Jocelyn Bell)
一九四三―。イギリスの天文学者で、電波望遠鏡を用いてパルサーを発見した。

――宇宙人が送ってきた電波じゃない？

「宇宙人からの電波ではないことはすぐにわかった。」

――どうして？

「電波の間隔や強さがほとんど変化せず、あまりに規則的すぎるからだ。それだと情報を送ることができない。私たちが意味のある情報を声で送るときは、音の波長や間隔を変えたり、強弱の差をつけたりしている。」

――ずーっと、ア、ア、ア、では何を言ってるかわからないものね。

「あまりに規則的な電波は、何か機械的運動に違いないと考えた。回転したり振動したりする運動だ。電波がやってくる時間間隔から、それはごく小さな天体だろうと見当がついた。小さくないと一秒間隔という短い時間で回転したり振動したりできないからね。」

――ふーん、それが中性子星だったというわけ？

「結局、半径が一〇キロくらいの星が、一秒に一回転してるらしいということとになった。そんなに速く回ると、ふつうの星は遠心力で壊れてしまう。そこで壊れないくらい重力の強い星で、中性子星しか考えられない。」

――中性子星の重力は強いの？

「中性子星は、太陽の重さを保ったまま、半径を一〇万分の一くらいにまで小さく圧縮した星だ。密度は水の一〇〇〇兆倍にもなって、すごく重力が強い。昔からあるだろうとは予想されていたけれど、こうして劇的に発見されたんだ。電波をパルス状に出すので「パルサー pulser」という呼び名になった。」

――中性子星がパルサーという形で偶然に見つかったのがおもしろいというわけ？

「この話には続きがあって、パルサーつまり中性子星の発見によって一九七四年にノーベル賞が授与されたけれど、もらったのはヒューイッシュ*というベルの先生だけだった。この電波望遠鏡を建設した人だね。ベルは

*アントニー・ヒューイッシュ(Antony Hewish)
一九二四―。イギリスの電波天文学者で、ケンブリッジに電波望遠鏡を建設し、それによってパルサーが発見され、一九七四年にノーベル物理学賞を受賞した。

ノーベル賞から外されたんだ。」

――パルサーを発見したのはベルさんでしょ。

「そこで、女性差別だ、大学院生にも権利があると、多くの人がノーベル賞委員会に抗議した。しかし、ノーベル賞委員会は何も答えなかった。父さんはこの騒ぎを覚えているよ。」

――ノーベル賞にもいろいろあるんだ。

「そういうことだ。」

銀河の進化

「では、今度は舞台を銀河に移して、銀河の進化の話をしよう。」

――銀河も進化するの？

「銀河は、そもそも原子の海から生まれたんだったね。」

――原子のガスが海のように広がっていて、その凸凹が重力不安定で成長して銀河になった。

「よく覚えていたね。だから、銀河の最初はガスの固まりだった。そこから星が生まれて輝くようになった。銀河は姿を変えてきたんだ。」

――それを進化というの？

「星という、より重力が強い固まりになっていく。さっきの階段の例で言えば、階段の下の方が星、上の方がガスで、少しずつ上から下へと変化していくんだ。」

――つまり、ガスから星が生まれてくること？

「そうだ。ガスから星が生まれる。ガスのことを「星間ガス」という。星と星の間に漂っているためだ。そして、星は進化して、最後には芯を残してガスに戻る。重い星は爆発してバラバラになるし、軽い星は表面からガスが逃げ出してしまうからね。」

――ガスから星は生まれ続けているの？

「オリオン星雲などでは、今でも星間ガスから星が生まれているのが観測されている。」

——じゃ、ガスから星になって、星が最後にガスに戻って、そのガスから星が生まれて、またガスに戻ってということを繰り返しているの？

「その通りだ。物質（原子のことだけれど）は、星とガスの間を行ったり来たりしている。それが銀河の進化を決めている最も基本的なプロセスだ。」

——いつまでも、それを繰り返しているってわけ？

「そうではない。ガスはゆっくり減っていく。白色矮星や中性子星のようなしっかり固まった星の芯になって、もうガスには戻らない。いわば、星の廃棄物になってゆくからだ。」

——じゃ、銀河は星の廃棄物だらけになるの？

「それと、太陽より重さが軽い星もたくさんできる。小さな赤い星だ。これらは宇宙時間より長い寿命を持っているから、そのまま輝き続けている。」

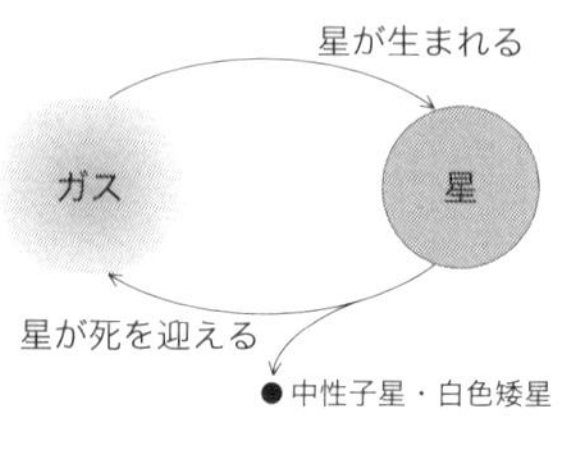

——そうなら、銀河には小さい星と廃棄物がたまって、老化していくの？

「すごく長い時間が経てばそうなっていく。でも、私たちの銀河系にはガスが一〇%くらいあって、まだ星が生まれ続けている。中年を過ぎた頃くらいかな。」

——銀河は若い間は星をたくさん作っていて、だんだんガスが減ってくると星が生まれるのが少なくなっていくんだね。

「そういうことだ。そこで、銀河が進化するとともに重要な変化があることに注意しよう。」

——どんな変化なの？

「星は進化するとともに重元素を内部で作るけれど、最後の段階でガスに戻るから、そのガスには星が作った重元素が含まれている。そのガスが星間ガスに混ぜ合わされ、次の世代の星になる。また、その星は重元素を作ってガスになり、星間ガスに混ぜ合わされる……。」

——そうか、星間ガスのなかの重い元素がだんだん増えてくるんだ。

「その通りだ。銀河の進化は、長い時間をかけて重い元素が増えてきた歴史でもあるんだ。そうすると、星間ガスから生まれる新しい世代の星の重い元素も増えていくだろうね。」

——新しい星ほど多くの重い元素を持っていることになるってわけだ。

「さっき、古い星には重い元素が少なく、新しい若い星には重い元素が多い、それで区別がつくって言っただろう？」

——そういうことだったの。ずいぶん遠回りしてきたね。

「順々に話すとこうなるんだ。私たちの銀河には古い星も新しい星も混じって存在している。古い星は長生きしてるから軽い星で小さく、表面の温度も低い。そして重い元素が少ない。じゃ、新しく若い星は？」

——まだ生まれたばっかりで重い星も多くあり、表面温度が高く、重い元素を多く持っている。

「そうだね。銀河系はそのように星とガスが循環してきたんだ。その過程で太陽と地球のような惑星がセットで生まれた。太陽系だね。」

私たちは「宇宙の子ども」

——太陽系はいつ頃できたの？

「今から四六億年前と思われている。」

——どうしてそんなことがわかるの？

「地球には隕石が降ってくるだろう？　その隕石の成分を調べてみたら、四六億歳であることがわかった。隕石は、太陽系が生まれたときの情報をそのまま持っているので、その年齢がほぼ太陽系の年齢と同じだろうと推定しているんだ。」

——四六億年前は、宇宙の年齢でいうといつ頃なのかしら。

「宇宙は一三七億歳とされているから……。」

——一三七億マイナス四六億で、九一億歳か。

「大体、その頃だね。銀河が生まれるのに九億年かかっていたとすると、銀河が生まれてから八二億年は経っている。」

——ずいぶん長い間太陽系は生まれなかったんだね。

「太陽系のようなものは生まれたかもしれないけれど、生命が生まれたり、生命が生まれても人間にまで進化して、この宇宙のことを論じたりはできなかっただろうね。」

——なぜ、そんなことが言えるの？

「この地球は岩石惑星といわれている。岩石、つまり重い元素が多く集まって形成された。重い元素はどうしてできたのだっけ？」

——星が進化して作ったのでしょう。

「そして、星が何世代も生まれては寿命を終えてガスに戻るという過程を繰り返して、重い元素が増えてきたのだね。そうすると、銀河が生まれた

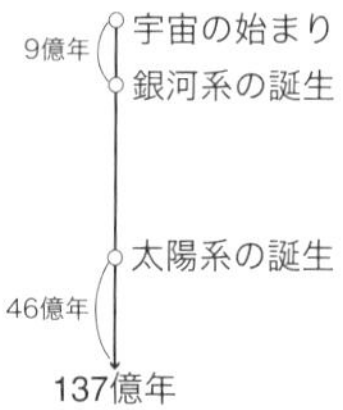

ての頃はどうだっただろう？」

――まだ重い元素が少なかったの？

「そうだ。すると、太陽系のようなものができても、岩石惑星は生まれないか、生まれても小さかっただろうね。」

――星の王子様に出てくるような、小さな星ね。

「小さな星では重力が弱く、水はすぐに無くなって、生命は生まれなかったと思われるね。」

――重い元素が相当に溜まらないと地球のような大きな星になれないんだ。

「そういうことだ。銀河系が生まれて八〇億年もの時間が経ってから、やっと太陽系が生まれた。その間に、どれくらい星が生まれたり死んだりしたと思う？」

――どれくらいだろう。ちょっと見当がつかないな。

「太陽の一〇倍もの星だと寿命が三〇〇〇万年だった。一億年の寿命としても八〇億年も経っているから八〇回だ。星が寿命を終えるときに放出する重い元素が星間ガスのなかにたまって、地球を作るくらいになるまでには、最低五〇回は星を経てきたと計算されている。」

——五〇回も？　そんなにたくさんのご先祖様の星があったんだ。

「ひとつの星ではあまり多くの重い元素を出さないから、それくらいご先祖の星がないと地球のような岩石惑星は生まれなかったのかもしれないね。」

——たくさんの星が重い元素を作ってくれたんだね。

「それで父さんは、私たちは「宇宙の子ども」だと言っている。」

——「宇宙の子ども」って、どういう意味？

「私たちの体を考えてみよう。私たちの肉を作っているのは炭素や窒素、水が多いから酸素もある。血液にはヘモグロビンといって鉄を含んでいる。DNAはリンが主役になっているし、骨にはカルシウムがある。神経が伝わるにはナトリウムやカリウムが働いている。」

――私たちの体はいろんな元素の寄せ集めなのね。

「体だけではない。このパソコンは鉄とアルミとシリコンでできているし、白金やコバルトなんかも使われている。宝石の金や銀、これらはみんな重い元素だ。」

――父さんの眼鏡はチタンフレームで、電池はリチウムで、電線は銅だね。

「それらの重い元素は、みんな星で作られた。それがガスに混ぜ合わされ、また星になり、ということを五〇回も繰り返して、太陽が生まれるときに地球という固まりになった。」

――そうか、私たちの体や地球上のものを作っている重い元素は星が作ってくれたんだ。

「だから、ひとつひとつの元素のもとをたどると星だったことになる。星が輝くなかで作られた重い元素で私たちはできている。だから、私たちは「宇宙の子ども」なんだ。」

――そういうことか。私たちは宇宙の贈り物で生きているんだ。

「おもいがけないところで、私たちと宇宙が結ばれていることがわかるだろう？　不幸な星の下に生まれた人なんか誰もいない。みんな「宇宙の子ども」なんだから。」

――なんだか巧いこと言うね。でも、そう考えるとなんだか気が大きくなったような気持ちになるね。

「そうだろう？　私たちは宇宙につながっているのだから、命を粗末にしては宇宙に申し訳ないのだよ。」

生命を育んだ地球

――でも、この太陽系には地球にしか生物はいないね。

「いや、火星にはいるかもしれない。」

――火星人はいないよ。だって、火星に行った探査機が送ってきた写真だと、岩と土ばかりで、火星人はいそうにないじゃない。

「火星人はいないさ。火星人どころか、どんな生物も地上にはいないのは確かだ。けれど、地下には生物がいるかもしれない。」

――地下に隠れているの？

「別に隠れているわけではないだろうが、地下から出られないバクテリアのような原始的な生物だ。」

――どうして、そう思うの？

「生命が存在するためには水が必要だと考えられている。現在の火星の表面には水がないけれど、地下には水が残っているかもしれない。だから、もし水が残っておれば生物がいる可能性もある。」

――なぜ、地下に水があるかもしれないの。火星は、もうカラカラに干上がっているのではないの？

「昔の火星の表面には水があったという証拠がいくつか見つかっている。や

火星探査機「フェニックス」が送ってきた火星極地付近の写真（二〇〇八年撮影）

がて、水が蒸発してなくなってしまったけれど、地下深くにはまだ残っているかもしれないんだ。」

——じゃ、どうして火星の水はなくなってしまったの？

「水は太陽の光からエネルギーをもらうと蒸発する。水蒸気になるんだ。水蒸気は軽いから上空に昇っていく。地球の場合は、重力で引き留められ、上空で冷やされて水蒸気から液体の水や固体の氷になって地上に戻ってくる。」

——雨や雪が降ることね。

「そうだ。ところが火星は軽くて、地球の重さの八分の一しかない。だから、重力が弱いので、そのまま火星から逃げてしまうのだ。そのために表面の水がなくなってしまった。」

——コップに水を入れてても、そのうち空になってしまうのと同じね。

「その通りだ。地下からは水が蒸発しにくいから、まだ残っているかもしれない。そうすると、バクテリアのような生物がいるかもしれない。」

――「かもしれない」ばかりだね。

「まだ十分わかっていないからね。そのうち、火星に行った探査機で地下を掘って調べることになるだろう。」

――楽しみだね。他に水があって生物のいそうな惑星はないの？

「木星の衛星のエウロパや土星の衛星のタイタンの表面には水があるらしい。」

――どうしてわかるの？

「探査機が傍によって写真を撮ってきた。それを解析すると、それらの衛星は太陽から遠いから表面は凍っているけれど、その下には水があって波打っているようなんだ。」

――へー、木星や土星の衛星まで調べられているのか。でも、太陽から遠いから凍っているんじゃないの？

「海の底に火山があったり、熱い水が地下から流れ出たりしているのだろう

小型探査機「ホイヘンス」が撮影した衛星タイタンの地表（二〇〇五年頃）

と想像されている。それで暖められているのではないか、と。」

——地球でも海底火山があるね。

「水があると生命が誕生したかもしれない。といっても冷たい世界だから、生命が誕生しても進化はのろくて、やはりまだ原始的なものだろうね。」

——それでも、生命が生まれているといいね。

「仲間がいるって気になるからね。はじめは、金星にも生物がいるかもしれないと思われていたんだ。」

——金星って、宵の明星や明けの明星できれいな惑星だよね。

「そう。金星は地球と双子と言われているくらい、大きさや重さが地球と似ている。しかし、金星は地球の七〇倍もの二酸化炭素の厚い大気に覆われ、温度は四〇〇度以上にもなっている。熱地獄のようなもんだ。だから、生物は存在しない。」

——地球と双子って言われてるのに、どうしてそんなことになったの？

「金星にも水があったと思われている。しかし、金星は地球より太陽に近いから、太陽からの紫外線が強い。その紫外線のために水の分子が壊されてしまったらしい。そのため、生まれたときからある二酸化炭素の厚い大気がずっと残り、その温室効果で熱地獄になったようだ。」

——でも、なぜ二酸化炭素の厚い大気が残ったの？

「いい質問だ。もともと、地球も金星も、生まれたときは厚い二酸化炭素の大気に包まれていた。出発は、金星も地球も同じなんだ。ところが、地球は水が豊富で壊されなかったから、大きな海となっているね。この海の水に二酸化炭素がゆっくり溶けていったんだ。」

——水に二酸化炭素が溶けるの？

「そうだよ。例えば、父さんの好きなビール一リットルには二酸化炭素が三リットルも溶け込ませている。水温が低いほど多く溶けるんだ。」

——そうか、生暖かくなったビールからは泡がぶくぶく出ているね。

「あれが二酸化炭素なんだ。二酸化炭素が海水に溶けると、水中のカルシウムと反応して固体の炭酸カルシウムになって沈んでいく。それが石灰石だ。」

——石灰石って鍾乳洞で見たことあるよ。

「鍾乳洞は、海の底に沈んだ石灰石が隆起して地上に姿を現したもので、昔の大気の化石とも言える。二酸化炭素が海水に溶けていったおかげで、地球の大気中の二酸化炭素がどんどん減ったというわけだ。」

——海がある地球の二酸化炭素は減ってきたけれど、海のない金星ではそのまま大気に残されたというわけね。

「これひとつとっても、水が生命を育むよう環境を良くするのに役立っていることがわかるね。それ以外にも、水の良い性質はいくつもある。何か思いつくかな？」

——植物の光合成がある。植物は葉緑素のところで、水と二酸化炭素を材料にし、太陽エネルギーの助けを得てデンプンと酸素を作っている。

「よく知っていたね。植物が作ってくれるデンプンのおかげで、地上のすべての生物が生きられるんだ。特に動物は植物抜きでは生きていけない。」

――でも、トラやライオンは肉食で、植物を食べていないよ。

「トラやライオンは牛やシマウマを食べる。その牛やシマウマは草を食べてる。だから、トラやライオンだって、植物がなければ獲物がいなくなるので生きて行けない。このように動物は食い食われの関係にあるけれど、元をたどれば植物に行き着くんだ。」

――私たちだって米や麦や豆を食べているし。

「そういうことだ。他に水の良いところは？」

――良いことかどうかわからないけれど、水は温めにくいけれど冷めにくいって聞いたことがある。

「物質一グラムあたりで摂氏一度温度を上げるのに必要なエネルギーを「比熱」という。水は比熱が大きいから、温めにくく冷めにくい。」

――それも地球の環境にとって良いことなの？

「地球に水があるおかげで、太陽のエネルギーを吸収してくれる。そして、比熱が大きいから温度があまり上がらないし、夜になって太陽が隠れてしまっても温度があまり下がらない。地球の温度が、高すぎにもならず、低すぎにもならないよう調節してくれているんだ。」

――そう言えば、海の傍は気温が大きく変化しないけれど、京都みたいな盆地で海から離れていると、夏はすごく暑くなるし、冬はすごく寒くなるね。

「いいところに気がついたね。水が気温変化を小さくする役目をしているということだ。それに、水は一気圧だと摂氏〇度で氷になるし、摂氏一〇〇度で水蒸気になる。こんな狭い温度の範囲で状態が変化するのも水だけなんだ。」

――それも環境に良いの？

「冷えてくると氷になるのでそれ以上冷えにくくなるし、暑くなると水蒸気になってそれ以上熱くなりにくくなる。やはり、暑くなりすぎたり、寒くなりすぎたりしないよう働いている。」

――他にまだ水の良いところはあるかな？

「今度は父さんへの質問か。水は凍って氷になると軽くなって水に浮くことも良いところだ。」

――そんなの当たり前じゃない。

「当たり前だけれど、実に良い点なんだ。もし、水が凍って氷となり、それが重くなって沈んでいくとしよう。北海道の湖は冬になると凍るだろう？そうすると、湖に生きている魚は冬が越せなくなるよ。」

――氷が沈んでくるなら、魚は上の方に逃げたらいいじゃない。

「逃げられない貝もいるよ。それに、どんどん氷が底にたまってくるから、湖が底から冷やされていく。そのうち湖全体が凍ってしまうから、魚は生きていけない。」

――そうか、確か水は摂氏四度のときが一番重いのだったね？　だから、湖の底の方には摂氏四度の水が溜まっていて、そこで魚は生きて冬を過ごせるんだ。

「厳密にいうと、摂氏四度の水が一番重いのではなく、一番密度が高くなるということだ。同じ重さで比べると体積が一番小さくなって沈んでいく。逆に、氷は、水より軽くなるのではなく、水の密度より小さくなるので水に浮く。氷になると一〇%ほど体積が大きくなるのだ。」

――比重って言うんだね。学校で習ったよ。

「摂氏四度の水の密度を一ｃｃあたり一グラムとして、それの何倍になっているかを「比重」という。それから温度が上がっても下がっても、水の比重は一より小さくなる。不思議な性質だね。」

――不思議なの？

「うん、自然界に存在するものは、一般に温度が下がるほど比重は大きくなるんだ。ところが水は、それと違った振る舞いをするからね。」

——ふーん、そんなこと知らなかった。

「当たり前のことが当たり前じゃないってことだ。それで、また水が氷になって沈んでいくとしよう。そうすると、北海道の魚だけでなく、地球上の生き物も生まれなかったかもしれない。」

——大げさだな、ほんと？

「例えば、北極の海は冬になって凍るだろう？　南極だって同じだ。その氷が沈んで海の底に溜まったらどうなる？」

——どんどん海は冷えていって凍ってしまう。

「実は、生命は海で生まれたと思われている。オゾンって知っている？」

——知ってるよ。酸素が三個くっついた分子で、太陽からの紫外線を吸収して地上の私たちを守ってくれているんだ。

「そうだよね。地球の始めの頃、その酸素は大気中にはなかった。植物が海のなかで生まれて、光合成によって酸素を作ってくれたおかげで酸素が増え、オゾンができた。だから、オゾンがない頃は、強い紫外線が地球に降り注いでいた。だから、生き物は紫外線がやってこない海のなかでしか生きられなかったのだ。」

——フロン*のためにオゾンが壊れているってね。

「冷蔵庫やクーラーで低温を作るのにフロンが使われていたけれど、これが空気中に漏れると上空に昇り、オゾンを壊すことがわかった。そのため、国際的取り決めでフロンの製造・販売を禁止することになった。」

——でも、オゾンホールが今でも大きくなっているってニュースで聞いたよ。

「オゾンが壊れて大きな穴ができる、それがオゾンホールだ。フロンは上空に昇ってもなかなか無くならず、何度もオゾンを壊すから、禁止された今でもオゾンホールができるんだ。まだフロンを使っている冷蔵庫やクーラーが

フロン
炭素と塩素、フッ素の化合物で、正式名称はクロロフルオロカーボン。

あって、ちゃんと処理しないのも問題だね。」

――なんだか恐いね。うちの冷蔵庫はノンフロンなんでしょうね。

「むろん、ノンフロンにしているよ。なんだか、話がずれてしまったな。えーと、海のなかで生命が生まれた、という話だったね。」

――だから、氷が水に沈むと生命は地球に生まれなかった。

「水の良さのひとつだったね。もうひとつ大事なことを付け加えておこう。水には、いろんな物質が溶け込みやすいことだ。」

――それがどんなに良いことなの？

「水に溶け込んだ物質は、電子がはがれてプラスイオンになったり、電子がくっついてマイナスイオンになる。そうすると、いろんな物質が反応しやすくなる。これを「化学反応」という。水のなかでさまざまな化学反応が起こって、そのうちに生命のもとになる物質が生まれたと考えられる。だから、いろんな物質が溶け込ます水があればこそ生命が生まれたとも言える。」

――どんなふうに生命が生まれたのかしら。

「それはまだよくわかっていない。火山爆発の衝撃、雷の光、温度が高く泡立つ海水、強い紫外線、などがうまく作用し合ったのだろうね。」

――生命は偶然に生まれたのかな。

「いや、父さんは必然だと思うよ。地球に水があったからね。このように、中心の太陽からの距離で、水が液体で存在できる領域を「ハビタブルゾーン」と呼んでいる。生命が住むのに適した場所という意味だね。」

――地球はちょうどそのハビタブルゾーンにいるってことね。

「金星は太陽に近くて液体の水が保てなかったから、ハビタブルゾーンから外れていたってわけだ。それにもうひとつ条件があって、水が長く保存できねばならない。火星はハビタブルゾーンぎりぎりの場所にあるけれど、重さが足りないので水がなくなってしまった。だから、地球くらいの重さがないとダメなんだ。」

――そうすると、地球は太陽からの距離も重さもちょうど良かったんだね。これも必然?

「太陽のような星の周りでは、地球のような重さの惑星が、地球や火星くらいの距離に必然的に生まれるのかもしれない。いや、偶然そうなったのかもしれない……。」

――なんだか頼りなくなったみたいね。

太陽系外惑星

「太陽系以外で惑星はたくさん見つかってきたけれど、まだ地球のような惑星が見つかっていないから、どうなのかわからないのさ。」

――惑星がたくさん見つかっているの?

「まだ直接にその姿を見たことはないけれど、確かに星の周りに惑星が回っているという証拠はたくさん見つかっている。もう二〇〇個を越えているよ。」

――えっ、三〇〇個以上も惑星が見つかっているの？　どのようにして見つけているの？

「すごいテクニックを使っている。ある星の周りを惑星が回っているとしよう。その星と惑星は万有引力で引き合っているね。」

――地球は太陽の万有引力を受けているし、月は地球の万有引力を受けている。

「同時に、地球は太陽に万有引力を及ぼし、月も地球に万有引力を及ぼしている。互いに引き合ってるんだ。」

――つい大きい方からの万有引力しか考えないけれど、小さい方からも万有引力を及ぼしているんだ。

「小さい方、つまり惑星から中心にある星へ万有引力を及ぼすと、力は弱いとはいえ少し星を動かすことになる。」

——ほんの少しだけでしょう。だって、月に引っぱられて地球が動いているって聞かないもの。

「でも、月からの万有引力で、地球はほんの少しだけだけれど月に近寄るんだ。それと同じで、惑星に星が少し引き寄せられる。そして、惑星が星の周りを回ると、星も引かれて小さな回転運動をする。」

——星のいる場所が少しずれるってこと？

「そうだ。でも、場所のズレは小さすぎるので検出できない。」

——だったら、わからないじゃない。

「しかし、星が動く速さはわかる。というのは、星が私たちからある速さで遠ざかると、その光は赤い方へずれ、近づくと青い方へずれるという性質がある。これを「ドップラー効果」という。」

——音のドップラー効果なら知っているよ。近づいてくる救急車のサイレンは高く聞こえ、遠ざかると低く聞こえるんだ。

「ドップラー効果は波がもつ性質で、音も光も波だから同じように振る舞う。近づくと波長が短くなるから、音は高くなり、光は青い方へずれる。逆に遠ざかると、波長が長くなり、音は低く、光は赤い方へずれる。これを星の動きに利用するんだ。」

——どんなふうに使うの？

「星の周りを惑星が回っているのを横から見ているとしよう。惑星は暗くて見えないから、見えるのは星だけだ。もし惑星が星の手前側、つまり私たちのいる側にいたら、星はどう動く？」

——少し惑星の方へ引っ張られるから、私たちに近づくように動く。

「そうだね。そうすると、ドップラー効果で星の光が少し青くなる。では、私たちと反対側の、星の裏の方を惑星が動いていたら？」

——やはり惑星の方へ少し引っ張られて、私たちから遠ざかるように動くから、星の光はドップラー効果で少し赤くなる。

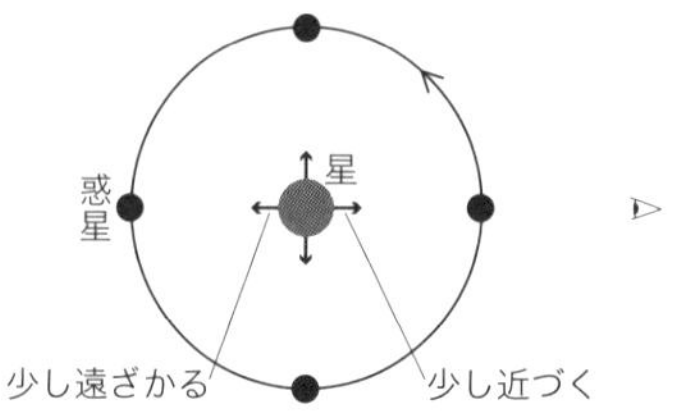

「その通りだ。そこで星の光を丁寧に観測すると、惑星が星の周りをくるくる回るにつれ、青くなったり赤くなったりすることを繰り返すことになるね。これが実際に検出されているんだ。」

——そうか、星の場所でなく動きを見るのか。

「実際に星が動く速さは、秒速で一〇メートルくらいしかないけれど、それが検出できている。すごいテクニックだろう？　だって、陸上の一〇〇メートル競争の速さが検出できるんだから。」

——一〇〇メートル競争はずいぶん速いと思うよ。あっという間に駆け抜けるから。

「人間の動く速さとしてはずいぶん速いけれど、星の速さとしてはずいぶん遅いんだ。たとえば、地球が自転する速さは秒速四六〇メートルだ。四六倍も速い。地球は秒速三〇キロメートルの速さで太陽の周りを回っている。三〇〇〇倍の速さだ。これらと比べると遅いことがわかる。」

――実にゆっくり動いているんだね。

「秒速一〇メートルを検出するなんて、大変な観測をしてることがわかるだろう？　冗談で言ってるけれど、そのうち地球のような星が見つかり、その上で人が一〇〇メートル競走をしているのが観測できるだろう、って。」

――そんなことできるかなー。でも、その方法で三〇〇個も惑星を見つけているの？

「実験や観測は最初の発見が大事で、ひとつでも見つかると、どんどん見つかるものだ。ところが、見つかった惑星のほとんどは奇妙なものばかりなんだ。」

――奇妙なものって？

「惑星が星の周りをめぐる時間から軌道の大きさがわかり、星の動きの速さから惑星の重さがわかる。すると、太陽系でいえば水星くらいの位置にあって、木星より重いものがほとんどなんだ。」

――水星は小さく軽いのでしょう？

「水星の場所だと星に強く照らされるので、ガスなんかなくなってしまうから軽い。にもかかわらず、見つかっている惑星は木星以上の重さのものがほとんどだ。」

――太陽系とは違っているってこと？

「そうだ。少なくとも現在の太陽系とは異なっていて、なぜそんなに重たい惑星が星のごく近くにあるか謎なんだ。」

――そんな惑星ばかりなの？　地球のような惑星は見つかっていないの？

「現在の観測方法では、そんな惑星しか見つからないためでもある。星の近くにあって重くないと、星が動く速さが毎秒一〇メートルにもならないからさ。」

――地球のような惑星はないの？

「地球のような惑星があったとしても、星の動きが小さすぎて現在のテクニックでも検出できないんだ。今のところ、地球の重さの五倍の惑星がひとつだけ見つかっているだけだ。」

――ふーん、じゃ地球のような惑星がないわけではないんだね。

「たぶん、地球のような惑星もたくさんあるけれど、まだ見つかっていないだけだと思うよ。最近、もっと精密な観測をしようと人工衛星を飛ばしたから、続々みつかるかもしれない。」

――楽しみだね。地球のような惑星があって、そこに生物が生まれていることがわかれば、すごいね。

「生物の探査は君たちの世代の仕事になるだろう。なんだか君たちがうらやましいな。」

5　宇宙開発

ロケットの開発

――惑星の話になったから、今度はもうひとつの宇宙の話にしてくれる？

「ロケットや人工衛星や探査機を飛ばして調べる近い宇宙のことだね。」

――国際宇宙ステーションや宇宙飛行士など、友だちとの話は、こちらの宇宙の方が多いよ。

「新聞にもよく書かれるし、ステーション内のようすがテレビで放映されるからね。」

――それに北朝鮮の長距離ミサイル問題もあったでしょう？　長距離ミサイルと人工衛星は、同じとテレビでも言ってたよ。

「正確には、それを飛ばすロケットは同じ、と言うべきなんだけれど。じゃ、ロケットの開発の話から始めよう。」

――ロケット発射の場面をテレビで見たけれど、すごく迫力があるね。

「実際に見るともっと圧倒されるよ。全体で一〇〇トン以上の重さがあるから、すごい馬力を出さねばならないんだ。ロケットが飛ぶ原理を知っているかい？」

――知らない。飛び上がるとき、すごい勢いでガスを噴射していたね。

「運動量保存則という物理学の法則を使っているのだ。運動量とは、ある物体の重さに速さをかけたものだ。ロケットの始めは止まっているから運動量はゼロだ。保存則というのは、そのままずっとゼロの状態が保たれるということだ。」

――だったら、ロケットは飛ばないじゃない？

「いや、燃料に点火すると、激しい勢いでガスが地面に向かって噴射されるね。それは、吹き出されるガスの重さとガスの速さをかけた分の運動量が下向きに出ることを意味する。すると、ロケット本体は同じ運動量をもらって反対側、つまり上空に向かって動き始める。下向きのガスの運動量と上向きのロケット本体の運動量は同じ大きさで、逆向きだから、差し引きゼロになる。」

――運動量の方向まで考えるんだね。

「そうだ。始めはロケットの本体が非常に重いからゆっくりとしか上昇しない。上空に上がっても同じで、ロケット本体が吹き出したガスの運動量分をもらって、少しずつスピードが上がっていくというわけだ。」

――なんだか、簡単ね。

「こう話すと簡単だが、実際に遠くまで高速で飛ぶロケットを作るのは大変だ。だって、ロケット全体の重さの九五％までが燃料で、その燃え方を上手に調節しなきゃ成功しないからね。」

――九五％までが燃料なのか。なぜ、そんなに燃料を積まねばならないの？

「人工衛星にするには、秒速で八キロメートルくらいまで加速しなければならないから、すごい量の燃料が必要になるんだ。それにロケットは空気のない所でも飛べるよう、酸素も一緒に持って行ってる。」

——ジェット機と同じなの？

「運動量保存則で飛んでいるのは同じだけど、ジェット機は空気から酸素を取り込んでいるから、そこは違う。」

——ロケットはいつ頃発明されたの？

「そもそものロケットは、一三世紀頃にモンゴルで火箭と呼ばれた武器が起源らしい。矢のお尻の部分に火薬を仕込んでおき、それが激しく燃えるとガスが飛び出てくる。その勢いで矢を飛ばしたものだ。人間が射るより遠くまで届くから恐れられた。」

——うまいこと考えたね。

「もっとも、的に命中させるのはむつかしかった。火薬の燃え方次第で、どの方向に飛ぶかわからないからね。だから、大砲など遠くまで届く武器ができてから、いったんすたれた。しかし、火薬の燃え方を工夫したり、決まった方向に飛ぶように工夫したりする人もいて、アメリカの独立戦争やナポレオン戦争で使われたという記録もある。」

――ロケットに似たものは昔からあったんだね。

「本格的にロケットを研究したのはロシアのツィオルコフスキー*という人で、二〇世紀初めにロケットが到達する速さを計算したり、多段式にした方がいいと言ったりした。「地球は人類の揺りかごである。しかし、人類はいつまでもこの揺りかごに留まってはいないだろう」なんてカッコいいことを言っている。」

――今から八〇年も前にそんなこと言ったの？

「そうだ。まだ、ロケット燃料や軽くて丈夫な金属が発明される前のことだ。」

*コンスタンチン・ツィオルコフスキー（Konstantin Tsiolkovsky）一八五七―一九三五。ロケットの原理を研究したロシアのロケット学者。多段式ロケットを考案した。

――予言者みたいね。

「ま、予言者だね。本格的にロケット生産をしたのがナチス・ドイツ*で、戦争の武器として開発した。」

――ヒットラーが命令したの？

「ドイツから海を越えてイギリスを攻撃するために、遠くまで飛ばせる武器が欲しかったのだろうな。そこで完成したのがＶ２ロケットで、南イギリスに一五〇〇発も打ち込み、二五〇〇人以上の命を奪った。また推定だが、Ｖ２ロケットで一万二〇〇〇人以上もの死者を出したとされている。」

――始め、ロケットは戦争のための武器として使われてきたのね。

「どんな技術でも、戦争で人を殺すためと、平和のときに生活や文化に役立たせるためとの二通りの使い方がある。この果物ナイフだって、リンゴの皮をむくのに便利だけれど、人を殺せる道具にもなる。問題は、いかに使いこなすかだね。」

*ナチス・ドイツ
国家社会主義党が支配したドイツのこと。ヒットラーが党首として独裁した。

ペーネミュンデ基地跡にあるＡ４（後のＶ２）ロケットの実物大模型。

――せっかくの技術を戦争のために使うのは悲しいことだね。

「その通りだ。ところで、Ｖ２ロケットを作ったのはフォン・ブラウン*という人で、ナチスが戦争に負けたとき、アメリカに連れていかれてミサイル開発に従事した。ロケットは、長距離ミサイルを運ぶ乗り物として利用されることになったんだ。」

――長距離ミサイルって、そもそも何なの？

「代表的なものが大陸間弾道弾（ＩＣＢＭ）と呼ばれるものだ。まず、ロケットで上空一〇〇〇キロメートルまで打ち上げ、その後は弾頭部（ロケットの先頭の部分で、そこに核兵器が積み込まれている）が自由落下する。」

――自由落下って？

「エンジンをふかさず、そのまま放り投げたボールみたいに重力だけで落ちていくってことだ。まあ、手で爆弾を投げる替わりに、ロケットで放り投げると思えばいい。」

* ヴェルナー・フォン・ブラウン(Werner von Braun) 一九一二―一九七七。ドイツのロケット技術者。アメリカに渡ってジュピター・ロケットを打ち上げ人工衛星とすることに成功した。

――それで、どれくらい飛ぶの？

「ロシアとアメリカの間を飛ぶから、一万キロメートルは飛ぶね。」

――すごいね。でも、ボールを放り投げるのと同じだと的に命中しにくいんじゃない？

「君のボール投げはそうかもしれないけれど、コンピューターで正確に軌道を計算するし、新しいものは小型コンピューターを乗せていて軌道を修正することもできる。だから、一〇〇発飛ばすと九〇発以上は的に当たると言われている。」

――恐ろしい武器なのね。

「それが全世界で二万発もあるから、核戦争にでもなったら大変なことになる。」

――核兵器は全部やめて欲しいね。

「大賛成だ。ところで、一九五七年頃まで、遠くまで運べるロケットは開発できたけれど、長距離ミサイルはなかなか成功しなかったんだ。」

——どうして？

「長距離ミサイルは、いったん空気の薄い上空にまで上がってから、急降下して空気の濃い大気層に再突入する。そのとき空気との摩擦で弾頭部が焼けてしまうのだ。それでは核兵器も爆発しない。ロケットの先端部をどう設計すべきか、相当苦労したようだ。」

——スペースシャトルが地球に戻ってくる姿をテレビで見たけれど、みんな無事だよ。

「それは、さっき言ったように、いったんやり方がわかると後は簡単なのさ。もっとも、スペースシャトルは大気層に接するように入っていくけど、長距離ミサイルは大気層に垂直近くで入るから、もっと摩擦が激しいだろうね。その研究をやっているうちに、思いがけなく人工衛星の方が先に成功してしまったんだ。」

人工衛星

――思いがけなくって、最初から狙って人工衛星を打ち上げたんじゃないの？

「人類最初の人工衛星が成功したのは一九五七年一〇月四日で、旧ソ連のスプートニク一号だった。父さんは中学一年で、明け方山に登って人工衛星がチカチカ光って空を横切っていくのを見た思い出がある。実は、その人工衛星は、開発者がやけくそで送り出したようなものなんだ。」

――やけくそって、どういう意味？

「この開発者はコロリョフ*という人なんだけれど、政府からは長距離ミサイルを開発せよとの命令を受けていた。ところが、さっき言った空気摩擦の問題のためどうしても成功せず、首を切られる寸前だった。それなら、せっかく開発したロケットだから人工衛星にしてしまえ、というわけで「やけくそ」の気分で打ち上げたのだ。」

*セルゲイ・コロリョフ (Sergei Korolev)
一九〇七―一九六六。ソ連の宇宙開発を指揮し、人工衛星スプートニクを成功させた。

——人工衛星は焼けてしまう心配はないの？

「人工衛星は、いったん空気の薄いところに出ると、ずっとそのまま飛行を続けるから、空気との摩擦は考えなくていいんだ。」

——そうか、大気層に再突入する必要がないからね。

「壊れて役に立たなくなったときに落下して再突入するけれど、それはもう用済みだから問題ない。」

——やけくそで飛ばしたけれど成功したんだ。

「そのとき、首相に呼ばれて叱られたらしい。なぜ、長距離ミサイルを飛ばさず、役に立たない人工衛星を飛ばしたのか、って。」

——長距離ミサイルのためにお金を出していたためかしら。

「そうだろうな。ところが、翌日の全世界の新聞には、「人類最初の人工衛星成功！」「世紀の快挙だ！」「ソ連の科学技術の力量示す」などと書かれていたものだから、首相はすぐに態度を変えて大いに褒め称え、勲章をコロリョフに贈ったということだ。」

――なんだかおもしろい話ね。でも、本当かなー。父さんは、よく想像で作り話することがあるから。

「いや最近読んだ本に書かれていたから本当の話だ。もっとも、想像して作った話の方が本当に近いってこともあるんだよ。」

――それは聞いておくだけにして。人工衛星は、その後どうなったの？

「続いて、一一月一日に旧ソ連ではスプートニク二号を打ち上げた。これにはライカという名の犬を乗せていた。父さんたちは、ライカが乗せられた人工衛星内部の写真を鵜呑みにして、今犬が空を飛んでいるよ、なんてしゃべっていた。」

――犬が人間より先に宇宙旅行したのか。

「どれくらい重力がかかるかとか、酸素の補給はちゃんとできるか、などのテストのために動物を乗せたのだろうね。けれど、このライカは宇宙旅行をしなかったらしい。最近明らかになったことだけれど、ライカは打ち上げの衝撃で即死したらしい。」

——即死だなんて、ライカはかわいそうね。でもなぜ？　写真もあったのでしょう？

「写真は、飛ばす前に撮ったものだった。だから、写真も簡単に信用してはいけないね。」

——犬は宇宙服を着ていた？

「いや、そのままの姿で、おとなしく座って前を見ている写真だった。」

——それならウソの写真とわかるのに。騙されたのは父さんなんだよ。

「そういうことになる。本物らしき写真を見せられ、みんながすばらしいと言ってる、それだけで信用してしまった。大失敗だ。」

——それで人工衛星打ち上げは、ソ連が先に成功したんだね。

「アメリカは、翌年の一月三一日にエクスプローラー一号を打ち上げた。スプートニクが成功して直ちに取りかかったのだね。人工衛星の打ち上げは、最初ソ連がリードしていた。宇宙飛行士のガガーリン*が人類初の有人飛行をしたのは一九六二年だった。」

——なぜソ連がリードできたのかしら。

「巨大なロケットの開発に成功したからだ。」

——それでも、人類が初めて月へ行ったのはアメリカのアポロ計画*でしょう？

「一九六〇年代、アメリカはメンツにかけて宇宙開発に多くのお金を出し、ソ連を追い抜いたんだ。その象徴がアポロ計画だった。」

スペース・デブリ

——人工衛星の打ち上げ競争が起こったのね。

「そうだ。国の名誉をかけてどんどん打ち上げた。アメリカのアポロ計画も

ユーリ・ガガーリン
(Yury Gagarin)
一九三四－一九六八。人類初の宇宙飛行をしたロシア人。

アポロ計画
月へ人類を送るアメリカのプロジェクトで、一九六九年に成功した。

中国が有人飛行を成功*させたのも国の威信を示すパフォーマンスだ。」

——父さんはちょっと冷たいね。宇宙へ人類が進出できて良いじゃない。

「それと、もうひとつの重大な隠れた理由もあった。」

——隠れた理由っていうのは何？

「スパイ衛星を飛ばすことだ。敵国の上空から偵察し、秘かに軍事基地や核実験場、戦争になれば戦場や敵の動きを知るために写真を撮った。スパイだから秘密になっていて、どれだけ衛星を飛ばしたかはわからない。」

——スパイ衛星なんてあるの？　上空高く飛んでいるから姿も見えないね。

「これまでに人工衛星は六〇〇〇機くらい打ち上げられたと思うけれど、そのうちの八割はスパイ衛星ではないかと父さんはにらんでる。」

——なぜ、そんなにたくさん打ち上げる必要があるの？

「ふたつ理由がある。ひとつは、人工衛星は地球の周りを同じ軌道でグルグル回るけれど、地球は自転しているから次々と見る場所が変わっていく。人

*中国の有人宇宙飛行
二〇〇三年一〇月に、中国が「神舟五号」によって中国初の宇宙旅行を成功させた。

工衛星はおよそ九〇分くらいで地球を一周して、元の場所を見ることができるのは四〇時間くらい経ってからだ。そのため、常に地球の同じ場所を監視するためには、飛行する軌道が少し違った衛星を打ち上げねばならないんだ。」

——ふーん、人工衛星ってどこへも勝手に行けないんだ。

「もうひとつは、ある場所で何か事件が起こると、人工衛星の見る角度を変えて、その場所ばかりを見るようにしなければならず、過酷に使われることだ。すると、ひんぱんに見る方向を変えるため衛星に積んであるガスをすぐに使い切ってしまうから、思い通り動かなくなったり、信号を送れなくなったりする。そのため、また次のスパイ衛星を打ち上げねばならなくなる。」

——使い捨てライターみたいだね。

「特にソ連（現代のロシア）は、大型ロケットでは優秀な技術を持っているけれど、電子回路や電波技術には弱いから、すぐに載せている機械が壊れてしまう。三ヵ月くらいしか保たないから、何千機と打ち上げたらしい。」

——それは父さんの想像なの？　だって、秘密だったんでしょう。

「まあ、想像だけれど、多分当たっていると思うよ。言うことを聞かなくなった人工衛星でも三〇年くらい飛び続けるから、私たちの頭の上には人工衛星の残骸がたくさん飛んでいるんだ。これを「スペース・デブリ」という。宇宙の廃棄物って意味かな。今、それが問題になっている。」

——宇宙の廃棄物がたくさん飛んでいるの？

「一メートル以上のものが、およそ六〇〇〇個、一〇センチ以上だと一万二〇〇〇個、それ以下のものは一〇万個以上、飛び交っている。宇宙はゴミだらけなんだ。」

——大きいものは人工衛星の廃棄物なの？

「もう使われなくなって、ただ地球の周りを回っている人工衛星だ。それにブースターと呼ばれる人工衛星を打ち上げるのに使ったロケットの最終段階もある。」

――小さいものは？

「人工衛星やブースターが壊れてできたかけらだろうね。この前、中国が使わなくなった衛星をミサイルで破壊した。その結果、三〇〇〇個ものかけらになって飛んでいるそうだよ。」

――でも、ずっと狭い地球の表面に五億台も車が走っていることを考えれば、大した数ではないのじゃない？　高さが違えば簡単にすれ違えるし。

「そういうわけにはいかない。まず、これらの廃棄物は秒速八キロメートルくらいの高速で飛び回っている。こぶしくらいの小さなかけらでも当たれば、衛星を破壊してしまうくらいの威力がある。実際、デブリがぶつかって故障してしまった人工衛星もある。」

――そんなに速く飛んでいるの？　猛スピードで走るクルマみたいね。

「また、もう通信できない人工衛星だから、どこを飛んでいるかわからない。」

――突然、角から急に飛び出してくるクルマと同じだ。

「クルマと違って、止まったり、方向を変えたりもできない。何しろいうことを聞かなくなった衛星だし、かけらは勝手気ままに飛んでいる。」

――ブレーキが故障したり、ハンドルが回らなくなったクルマと同じだ。

「実際、二〇〇九年に宇宙交通事故が発生した。アメリカの国際電話用の人工衛星とロシアの使われなくなった人工衛星が衝突したんだ。これからもそんな事故が起こらないか心配だ。」

――どうして、そんなに廃棄物が増えてしまったの？

「簡単に言えば、人工衛星を使い捨てして、そのまま宇宙空間に放りっぱなしにしているからだ。大気中の二酸化炭素が増えているのと同じで、地球環境問題と共通するところがあるね。」

――どういう意味？

「石油や石炭を燃やして勝手に二酸化炭素を空気中に廃棄しているだろう？

それがたまって地球が温暖化していると言われている。それと同じで、むやみに捨てる一方だからゴミがたまるのは当たり前のことだ。」

——じゃ、ゴミ拾いをしたら？

「それで父さんは「宇宙清掃公社」を作れと言ってるんだ。宇宙の廃棄物を始末する人工衛星を打ち上げ、小さなゴミは集め、大きな衛星などは方向を変えて大気中で燃えさせてしまうようにする。」

——おもしろいアイデアね。でも、できるかしら？

「ここにも環境問題と共通する問題がある。生産や金儲けにかかわることならお金を出すけれど、廃棄物の処理のような後始末にはお金を出したがらないからだ。」

——また、腹を立てている。もういいから、次のもっと楽しい話に移ろうよ。

科学のための人工衛星

——スパイ衛星だけじゃなく、科学衛星やテレビでやっている気象衛星や放送衛星も打ち上げてきたのでしょう？

「うん、遠い宇宙を観測する天文衛星、地球の状態を観察する地球監視衛星、放送や気象や通信のための実用衛星がある。また、月や火星などの惑星を観測するための探査機も多く送り出した。それらは、すべて公開されていて、いつ打ち上げたか、どんな成果があったか、いつ動かなくなったか、が詳しく発表されている。」

——これまでどんな衛星が打ち上げられたの？

「宇宙を観測する天文衛星としては、ガンマ線、X線、紫外線、赤外線、電波など、地上では観測できない電磁波を捉える衛星が多い。」

——電磁波って？

「私たちの目で見える光を可視光という。その光の仲間だけれど、可視光より波長が短く、エネルギーが高いのがX線、ガンマ線、紫外線なんだ。これらによって、温度が高かったり、激しく活動する天体を観測することができる。」

——星が爆発した後のX線写真を見たことがあるよ。

「一方、同じ光の仲間で可視光より波長が長く、エネルギーが低いのが赤外線や電波で、宇宙の塵や爆発する銀河などを観測してる。また、太陽や彗星を観測する衛星もあるよ。」

——太陽って、この目でよく見えているじゃない。なぜ人工衛星がいるの?

「目で見えていても細かな構造を見ることができない。また、表面で爆発したときにはX線が出るから、人工衛星で見なきゃわからないことが多いんだ。ハッブル宇宙望遠鏡*って知ってる?」

——ときどき新聞にきれいな天体写真が載っているね。

ハッブル宇宙望遠鏡
宇宙膨張の発見者ハッブルにちなんで名付けられた、口径二・五メートルの宇宙を飛ぶ望遠鏡。

「あれは、口径が二・五メートルという比較的小さい望遠鏡だけど、人工衛星に載せられて上空から紫外線・可視光・赤外線で宇宙を観測しているんだ。もう、二〇年近く飛んでいるかな。」

——そんなに長く飛んでいて故障しないのかしら？

「これまで四回くらい宇宙飛行士が出かけて、修理をしたり、新しい装置に取り替えたりしてリフレッシュしたから、今でも素晴らしい画像を送ってきているよ。」

——いつまでも活躍して欲しいね。

「今のところ、二〇一四年で打ち止めすることになっている。まだまだ使えるけれど、次の大型宇宙望遠鏡を作っていて、それと交代する予定だ。」

——使えるのに止めてしまうのはもったいないね。

「技術がどんどん進歩すると、より良いものを使いたいのが人間の欲望だ。それには父さんは異論を持っているけれど、ともかく次の宇宙望遠鏡は口径が六メートルもあって、もっと大きな成果が期待できるから交代させようというわけだ。」

——宇宙ステーションは？　日本人宇宙士が活躍してるし、日本が作った実験棟を取り付けたのでしょう？

「宇宙ステーションは、サッカー場の大きさもある巨大な人工衛星で、地上ではむつかしい無重力実験を行うことが主な目的になっている。何しろ宇宙飛行士が常駐するから、細かな注意を要する実験が多くできるのが強みだろうね。」

——アメリカ、ヨーロッパ、ロシア、日本、カナダなど多くの国が参加してるんでしょう？　国際平和のためにも良いことだと思うよ。

「うん、まあ良いことだ。でも、父さんは必ずしも全面賛成というわけじゃない。」

——また、父さんのへそ曲がりが始まった。なぜなの？

「国際宇宙ステーションと「国際」という名が付いているけれど、資金の多くはアメリカが出し、行き来する乗り物の多くはロシアが提供する。だから、このふたつの国が横を向いたら中止になってしまう。現に、アメリカは二〇一五年で止めようと言っている。」

——二〇一五年までか。せっかく大きいものを作ったのだから長持ちさせればいいのに。

「アメリカは資金不足で止めたがっているのだけれど、もともと自分が言い出した計画だから簡単に止めるわけにもいかない。それで計画を縮小して、常駐する宇宙飛行士の数を始め六人としていたのに、三人に減らしてしまった。それではメインティナンスの仕事に追われて実験する時間がなくなってしまう。」

——サッカー場もある施設をたった三人で見るの？

「そうだ。また、長い時間がかかる無重力実験は意味があるだろうけれど、短い時間なら地上でもできるようになっている。わざわざ高いお金をかけて宇宙でやらねばならないわけではない。」

――でも、宇宙ステーションと学校の交信とか、宇宙空間での飛行士の体への影響とか、いろんな催しや実験もできるよ。

「そんな催しや実験ならもっと小型の宇宙船でもできるだろう？」

――そう言えばそうだけれど。

「むろん、全く無意味と言ってるわけではない。しかし、何千億円というコストを思えば、ベネフィットは少ないね。父さんは、もっと小型で安上がりだけれど、科学的成果が多く期待できる宇宙計画の方を歓迎しているんだ。」

――どんなものがあるの？

「ボイジャー一号と二号*は太陽系を外れて宇宙探索をしてるし、火星には探査車を下ろして地表を観察している。ロボットのようなものだね。木星や土星に近寄って写真を撮っている探査機もある。これらは遠隔操作で操縦して

ボイジャー一号・二号
一九七七年に打ち上げられた惑星探査機で、木星・土星・天王星・海王星に接近して多くの発見をした。（写真はボイジャー二号）

おり、比較的安くできているけれど、科学の成果は大きい。さらに、これまであまり探査機を送ってこなかった水星や金星に近づく探査機も計画されている。」

――水星や金星は、木星や土星よりずっと近いのに、なぜあまり探査機を送ってこなかったの？

「いい質問だね。これまでも探査機を送ったことはあったけれど、すぐに機械が壊れて十分なデータが取れなかったんだ。金星は四〇〇度を越える温度だし、水星は太陽に近いので昼間は非常な高温度になってしまう。温度が高くてもちゃんと動く機械を工夫しなければならず、開発が遅れていた。」

――いろいろ苦労があるのね。

「惑星ごとに条件が違うからね。でも、宇宙ステーションほど値段は高くない。はっきり目的を決めて、特化しているから安くできるんだ。父さんは科学研究を行う衛星の方がいいな。」

――両方やればいいじゃない。

「そういうわけにもいかない。予算は限られているからね。宇宙ステーションのためにキャンセルになった科学衛星もあるし。最後の大問題は、使われなくなった宇宙ステーションはどうするか、だね？」

――どうするって、人が行かなくなるだけでしょ。あ、スペースデブリになっちゃうのか。

「誰もいないサッカー場ほどもある施設が宇宙をただ回っている。やがて、壊れてバラバラになる。巨大な宇宙のゴミが発生するね。」

――きっと、出かけて行って分解処理するんじゃないの？

「そうあって欲しいけれど、それにも大きなお金がかかる。さて、誰が出すんだろう。」

――ホントだね。地球環境問題をもっと真剣に考えなきゃいけないね。

「地球環境問題と言えば、大気中のオゾン層や二酸化炭素の量を測る人工衛星も多く飛んでいる。日本が打ち上げた「いぶき」という地球監視衛星がある。この場合の「監視」はスパイ衛星のように地上の軍事施設を監視するのではなく、地球環境の状態を監視するという意味だ。」

——「いぶき」って何のこと？

「呼吸のことだ。地球は季節ごとに変化するから、まるで呼吸しているように見える。オゾンホールは、南極上空に現れるけれど、南極が春を迎える頃に大きくなり、秋になって寒くなり始めると小さくなる。まるで、深呼吸するみたいに口を大きく開けて、そして閉じるみたいに見えるだろう？」

——オゾンホールは呼吸しない方がいいね。他にどんなものがあるの？

「父さんが気に入っているのは、空気中の二酸化炭素の量だ。全体として増えているのだけれど、よく見れば北半球の春から夏にかけては少し減り、秋から冬にかけて少し増える。この図を見れば、一年に一回、空気を吸って吐いてを繰り返しているように見えるだろう？」

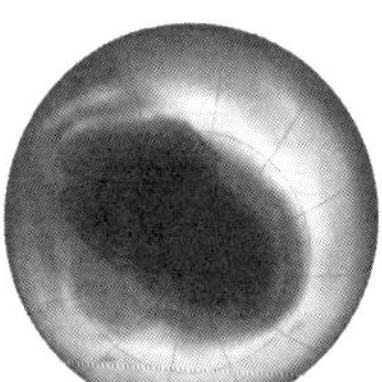

二〇〇四年九月に観測された南極オゾンホール。南極大陸を覆う黒い部分がオゾンホール。

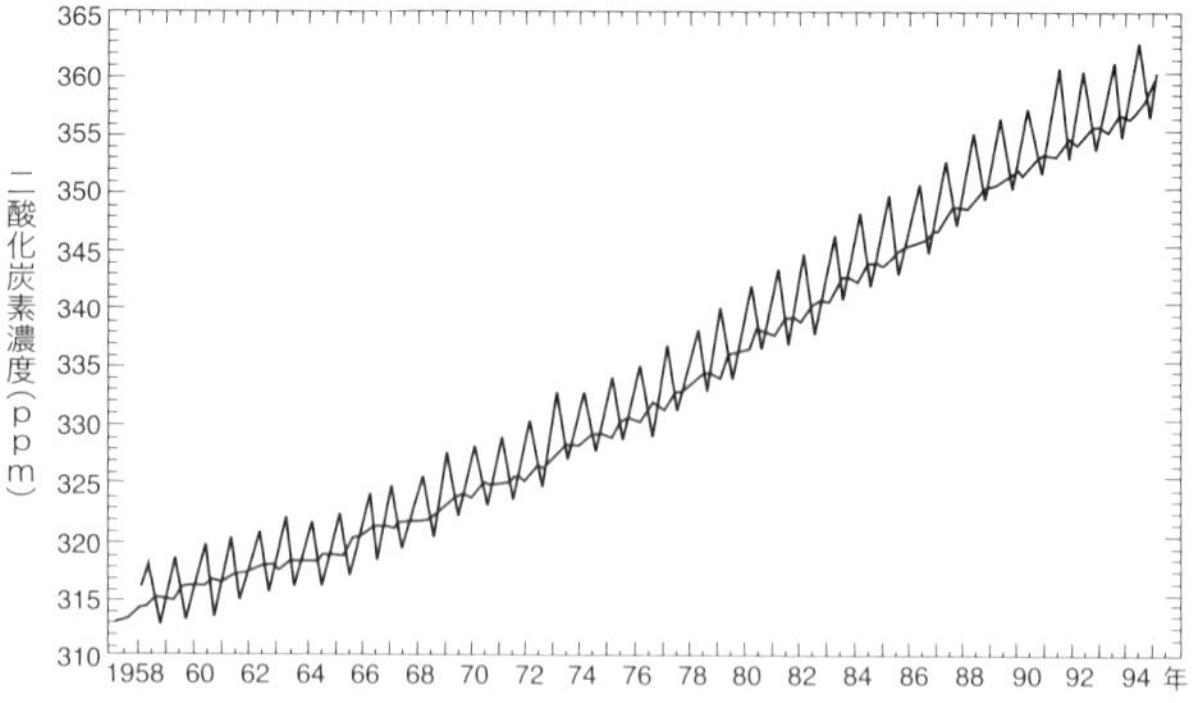

大気中の二酸化炭素の経年変化

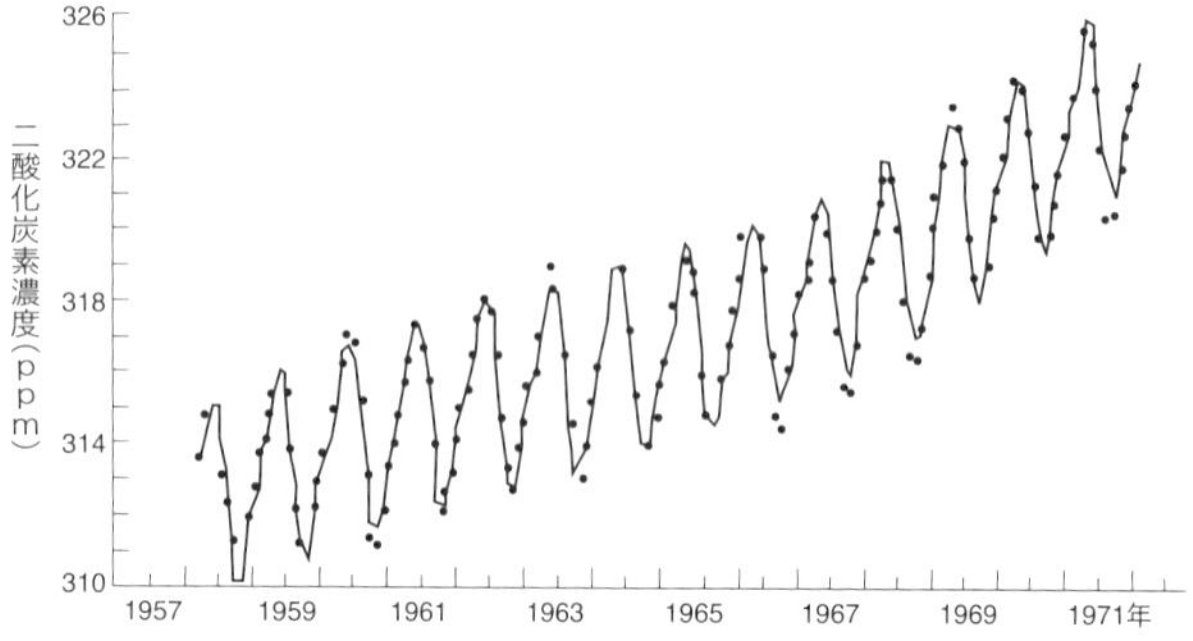

上図のクローズアップ（一部）

――ほんとうね。どうしてこんな変化をするの？

「ちょっと考えてみれば簡単なことなんだ。北半球には大きく広がるユーラシア大陸や北アメリカ大陸などがあって陸地が多く、南半球にはアフリカ大陸・南アメリカ大陸・南極大陸とあるけれど海の方が圧倒的に広い。これがヒントだ。」

――それだけ言われてもわからないよ。

「順々にいこう。北半球で考えてみよう。春から夏にかけては、温度が上がるし、太陽の光も強くなる。北半球には陸地が多いから植物も多くはえているね。すると植物が元気になって……。」

――光合成が活発になるんだ。

「その通り。光合成が活発になると、二酸化炭素を多く吸う。そのため空気中の二酸化炭素が少し減る。逆に、冬になると……。」

――温度が下がるし、太陽の光は弱くなるし、草は枯れるし、木の葉が黄色くなって、光合成が不活発になる。だから二酸化炭素を吸う量が減って、空気中の二酸化炭素が少し増える。

「なかなか好調だね。さらに、もうひとつの効果もあるんだ。今度は南半球を考えてみよう。北半球の夏は南半球の冬だね。」

――そんなの当たり前じゃない。何か関係があるの？

「大いに関係があるんだ。南半球には海が広がっていたね。水には二酸化炭素が溶けることを思いだそう。それも、水の温度が低いほど多く溶け、高いほど溶けにくかったよね。」

――南半球の冬、海が広い、水は二酸化炭素を溶け込ませる、温度が低いほど多く溶ける、それがヒントなんだね。

「よく整理できた。もうひとつヒントを出そう。冬の海の温度は低い。」

――わかった。南半球は海が広がっていて、冬の海の温度が低いから多く二酸化炭素を溶け込ませる。だから、空気中の二酸化炭素が少し減る、でいいんでしょう。

「正解だ。すると、北半球の冬になると、どうなるかな？」

――北半球の冬は南半球は夏で、夏の海の温度が高く、二酸化炭素が溶けにくいので、空気中の二酸化炭素が少し増える。

「その通りだ。北半球の植物と南半球の海が同じように働くから、くっきりと二酸化炭素の量に反映する。もっとも、このふたつの効果がどれくらい分担し合っているかはまだよくわからないらしいけれど。」

――南半球と北半球が逆だったら、どうなっていただろうね。

「そうだと、現在とは反対で、北半球の夏に二酸化炭素が増え、冬に減ることになる。」

――呼吸が吸呼になるだけか？

「うまいこと言うね。地球の呼吸を監視する「いぶき」は、空気中の二酸化炭素の量を空中から測り、オゾンホールみたいな図を作ってくれる予定なんだ。」

――ふーん、父さんが言ったことが証明されるかも。楽しみだね。

「こんなふうに、地球の環境がどうなっているかを監視する衛星も大事だね。」

――他にも、放送衛星・通信衛星・気象衛星なんかもあるね。

「これらは科学のためというより、私たちの生活に密着した衛星で、実用衛星と呼ばれていて、これまでの科学衛星とは違うところがある。」

――どこが違うの？

「科学衛星は、高さが四〇〇キロメートルから五五〇キロメートルくらいで、地球を約九〇分かけてひとめぐりしている。実用衛星は、高さが三万六〇〇〇キロメートルと非常に高く、二四時間で地球を一周する。」

――二四時間は一日でしょ。そうか、静止衛星だ。

「上空で静止しているわけではなく、実は時速一万一〇〇〇キロメートルもの速さで飛んでいる。地球の自転と同じ二四時間で回っているから、下から見れば、いつも上空の同じ場所にある、つまり静止しているように見える衛星だ。静止衛星の良いところはなんだと思う？

——いつも同じ場所を見ることができるから、日本上空の天気の移り変わりがずっと見えるね。

「それが気象衛星だ。他には？」

——衛星テレビがずっと見える。

「それが放送衛星で、いつも真上から電波が下ろせるので、テレビ中継に便利だね。海外電話やインターネットに使う通信衛星もある。電波を上げて衛星に中継させれば、通信も簡単になるからだ。」

——でも、高さ三万六〇〇〇キロメートルだなんて、そんなに高く上げなきゃダメなの？

「人工衛星は、地球の重力の大きさと回転運動で生じる遠心力が釣り合っているから落ちてこない。地球の重力は高さで決まっているから、それと釣り合う遠心力を生み出すための速さも高さで決まってしまう。」

——それは、ふつうの人工衛星も同じでしょう？

「衛星がぐるりと地球を一周する時間が二四時間になれば静止衛星になる。それで高さも決まってしまう。計算できるかな？」

——えーと、高さに2πをかけたら一周の長さになる。それを速さで割れば一周する時間がわかる。

「ほとんど正解だけれど、ひとつ間違いがある。高さではなく地球中心からの距離にしなければならない。だから、高さ足す地球半径に2πをかける必要がある。速さはどう計算して求めるのかな？」

——えーと、地球中心から測った重力の大きさと遠心力が等しいとすればいいんだ。

「数学に弱い君にしてはよくできたね。それで計算してみれば、高さが五〇〇キロメートルくらいだと約九〇分で一回りし、高さが三万六〇〇〇キロメートルだと二四時間かかることがわかるよ。」

――割合、簡単なのね。

「図に乗るんじゃないよ。」

日本の宇宙開発

――日本の宇宙開発はどんな具合なの？

「日本は特色ある宇宙開発を行ってきて、世界的に見てもユニークだよ。」

――ふーん、どんなところがユニークなの？

「まず、世界の宇宙開発の歴史から話そう。人工衛星が数多く打ち上げられるようになって、一九六七年に国連で「宇宙平和条約」が結ばれた。人工衛星を打ち上げる権利はどの国にもあること、月や火星など天体を領土にしてはいけないこと、大量破壊兵器（核兵器のことだね）を衛星に載せてはいけないこと、などを取り決めたんだ。」

――大事なことね。それをどの国も認めたの？

「うん、北朝鮮も含めてどの国も承認している。この前の北朝鮮の「ミサイル発射」事件でも、北朝鮮は人工衛星を打ち上げると言ったのは、どの国にも人工衛星を打ち上げる権利を持っていることを主張したかったのだと思われるんだ。」

――それなら問題はないね。

「しかし、人工衛星を打ち上げられる強力なロケットは長距離ミサイルにも転用できるから、問題がややこしくなった。父さんは人工衛星だとの言明を信じて、静かに見守る方がよかったとは思っているけれど。」

――ミサイルが日本を狙っていると言われたよ。

「そんなことはないよ。わざわざ大型ロケットで日本を攻撃するなんて考えられないからね。ともかく、宇宙平和条約にはミサイル防衛を禁止する条項はなく、宇宙を戦場にしかねないという欠点がある。」

――ミサイル防衛って？

「アメリカが進めている宇宙政策で、敵側のミサイル発射を感知すると、こちらのミサイルを飛ばして衝突させ破壊するというものだ。実際には、ほとんどミサイルが衝突しないんだけれど、大きなお金をかけて装備している。」

――すべての兵器を宇宙に飛ばすことを禁じればいいんだ。

「それが一番良いことなんだけれど、残念ながら、そうはなっていない。そこが宇宙平和条約の欠点で、一九六七年にはもはやスパイ衛星やミサイルが配備されていて、それらを含めることが困難だったのだろう。」

――日本も宇宙平和条約に入っているの？

「むろん入っている。それも、一九六九年に入るときに、衆議院・参議院双方で宇宙の平和利用を宣言した。」

――いいことだね。それからずっと平和利用してきたの？

「長い間平和利用にてっしてきたけれど、そろそろ雲行きが変わっているのだ。そのことは後で話すとして、日本は一九六九年以来、ふたつの方向で宇宙開発を始めた。」

――ふたつの方向って？

「ひとつは、一九五〇年代から進んでいた自主開発で、外国の力に頼らず自分たちでロケットを開発する方向だ。まず東大が中心になり、やがて独立して宇宙科学研究所になった。基礎研究から始めて、少しずつロケットを大型にして人工衛星を飛ばせるまで全部自前の技術で進めたのだ。」

――ふーん、なかなかすごいことをやったね。それでうまく行ったの？

「宇宙科学研究所は大学出身ということもあって、もっぱら天文観測用の科学衛星を打ち上げた。X線衛星の「はくちょう」「てんま」「ぎんが」「あすか」「すざく」と次々の成功させ、大きな成果をあげた。他にも、太陽観測の「ひのとり」「ようこう」「ひので」、電波観測の「はるか」、月・惑星観測の「さきがけ」「はやぶさ」、地球周辺の磁場を調べる「じきけん」「あおぞら」「あけぼの」など、多くの人工衛星を打ち上げてきた。」

——テレビで「はやぶさ」が小惑星に近づいたようすを放映していたよ。

「一般に、アメリカでは、例えばX線観測用の大きな衛星を一〇年に一回くらいしか打ち上げられなかった。すごくお金がかかって、いくつも打ち上げるというわけにはいかないからだ。それでは技術の継承ができないね。それに対して、日本は小型なのであまりお金をかけなかったけれど、数年に一回打ち上げるので研究者も技術者も引き続いて仕事に従事することができた。」

——次々と新しい技術に挑戦できたんだ。

「そういうこともあって「安い（チープ）、速い（クイック）、すばらしい（ビューティフル）」とされ、日本の科学衛星の打ち上げはアメリカでも高く評価された。目的を絞った衛星で成功したというわけだ。これが世界でもユニークな点なんだ。アメリカやヨーロッパも真似するようになった。」

——すばらしいじゃない。もうひとつは？

「もうひとつは、気象衛星を静止軌道に打ち上げるような大型ロケットは、「宇宙開発事業団」という国が直轄の研究所を作って、外国の技術を輸入しながら開発した。」

——それもユニークなの？

「技術輸入で早く開発するのはどの国も採用している方法でユニークというわけではないが、徐々に自前の技術を開発する方法でユニークさを発揮しようとしたんだ。今の主力ロケットのHⅡは七〇％くらい国産だと言われている。宇宙科学研究所のロケットは一トンくらいの衛星しか打ち上げられなかったけれど、HⅡは四トンも打ち上げられる。」

——二通りの方法で宇宙開発を進めたんだね。

「お互いの良いところを吸収しようというわけだ。しかし、同じロケット開発を二ヵ所でやるのはムダということになって、ふたつは合併してひとつの研究所になり、宇宙科学研究所のロケットは製造中止になってしまった。」

——せっかく開発したのに、もったいないね。じゃ、科学衛星も中止になってしまったの？

「そういうわけではない。ＨⅡを使って科学衛星も打ち上げている。赤外線衛星の「あかり」や月の探査機「かぐや」はＨⅡで打ち上げられたんだ。」

——「かぐや」が撮った月から見た地球の姿は印象的だったね。日の出・日の入りの替わりに、地球の出・地球の入りが見られたんだから。

「あの映像は迫力があったね。月の姿もよく見えたし。」

——そうなら順調にいってるんじゃないの？

「それは、日本の宇宙開発を平和利用に限るとしてきたからできたことなんだ。ところが、二〇〇八年に「宇宙基本法」という法律が通って、日本の宇宙開発を平和利用から安全保障のためということになった。」

——安全保障って？

「よその国から攻められたり侵略されたりしないよう、あらかじめ軍備をして国を守ろうとすることだ。」

――平和憲法を持っている日本が攻められるの？

「そんなことはないし、そんなことが起こる前に平和的に話し合えばいいのにね。軍備によって国は守れないと父さんは常々言ってるのだけど。」

――北朝鮮のミサイルもあるよ。

「それだって、外交努力で止めさせることができたはずだ。力には力で対抗しようとすればキリがなく、軍事国家になってしまう。」

――そう怒らないで。宇宙基本法で、日本の宇宙開発はどうなりそうなの？

「スパイ衛星などをおおっぴらに飛ばせるようにして、ミサイル防衛と結びつけて宇宙を軍事利用する道が拓かれてしまったのだ。」

――そうなると、宇宙の研究も危うくなるの？

「その恐れが大きい。宇宙研究用のロケットを廃棄してしまって、HⅡに頼らざるを得ない。ところが、そのHⅡでスパイ衛星も飛ばすのだ、すると、それが優先されて宇宙の研究が後回しにされかねないだろう？」

——そんなこと許されないね。

「まだ、どうなるかわかっていないけれど、日本は宇宙の平和利用にてっして欲しいというのが父さんの願いなんだ。」

6　科学のこころ

「遠い宇宙、そして人間が関係している身近な宇宙、その双方についてあらすじだけを話してきたけれど、どうだった？」

――むつかしいことも多かったけれど、なんとなくわかったよ。

「少し頼りない返事だね。一番の印象は何かな？」

――宇宙っていろんな変化をしてきたことだね。でも、みんな想像したことでしょう？

「実際に、現在の宇宙を見ているだけでは思いつかないね。物理法則を使って、そこで何が起こったかを想像し、きちんと筋道をたどればそうなるはず、として答が得られる。そして、実際にその証拠が見つかってきた。科学って、想像力と論理性（筋道）を組み合わせて見えないことであっても、見えるようにするということかもしれない。」

——宇宙開発のことだって、父さんは違った意見を言うし。

「それも想像力を発揮したことだ。ちょっと違った見方で、ちょっと違った意見を言うことは大事なんだ。科学はいろんな考え方があってこそ、まともに進むということかもしれないね。他に印象に残ったことは何？」

——宇宙のことを研究するためには、いろんなことを知っておかねばならないことかしら。素粒子のことや原子核のことや原子のこと、その上で星の進化や銀河の進化を調べるのだから。

「他にも、電気と磁気のことや熱の流れなど、いろんな物理学や数学を使っている。宇宙の研究は、総合的な知識が必要なんだ。それだけに大変だけれど、楽しいことも多い。専門だけにとらわれないで、さまざまに想像できることが多いからね。」

——でも勉強は大変だったでしょう。

「いや、それほどでもない。始めからすべてを知ってから研究するのではなく、研究を始めてから必要にせまられて勉強したからだ。すべての学問はそういうものだと思うよ。目的なしに勉強しても身につかない。明らかにしたいことがあるから勉強するってことも多い。」

——でも、私たちは何かを明らかにしたいから勉強しているのではないよ。勉強のための勉強をしているみたい。

「そういう時期はある。だって九九を知らなければ計算ができないし、字を知らなければ本も読めないだろう？　そんな基礎的な知識はきちんと身につけていなければならない。その上のことだ。」

——そう言えば、父さんのパソコンは自己流だから、いつも時間をムダにしてイライラしてるね。

「基礎的な知識を身につけていないからだ。パソコンはもう手遅れだろうな。」

――いつ頃から勉強のための勉強が終わるの？

「大学生くらいかな。この頃からは「学び方を学ぶ」、つまり、これを読めばいい、こんな本を調べたらいい、どんな調べ方をしたらいいのか、などを学ぶことになる。知識を暗記するのではない。だって、目的のない知識はすぐに忘れてしまうからね。」

――試験の前に暗記しても、すぐに忘れちゃうよね。

「そんなものだ。けど、頭の隅に残っていて、ちょっとヒントをもらうと思い出すだろう？　それでいいんだ。」

――なんだか安心できるね。

「でも、ちゃんとした土台がないとダメだとは言っておくよ。学問は積み上げだから、先の人が言ったことをよく理解し、その上で新しい発展を目指さねばならない。」

――でも、父さんは宇宙開発のことでは文句ばかり言ってるね。

「遠くの宇宙のことでは、ただ観測するだけだけれど、身近な宇宙は人間が関係しているだけに、いろいろ文句を言いたいことがあるんだ。それも必要なことだよ。」

——必要だと言っても、全然通らないじゃない。

「通らなくても言い続けることが大事なんだ。学問は相互批判によってまともに育つのだから。」

——そうならいいけど。でも、ひとことで宇宙って言うけれど、いろいろあるんだね。

「そうだ、じっくり考えて、いろんな側面から考えることなんだ。君はよく「当たり前じゃない」と言って、わかったことにしてしまう。」

——だって、そう思ったもの。

「でも、当たり前と思っていたことが当たり前でなく、考えてみれば不思議なことって多くあったね。」

——父さんに説明してもらって、当たり前でないことがわかった。

「勉強って、本来そういうことなんだ。「なぜ」って考えずに簡単に受け入れたり、みんながそう言っているからそうだと思っていたりしていることが多い。けれど、ホントにそうかなと疑って、考えてみることが大事なんだ。」

——でも、父さんは考え過ぎだよ。

「そうかな。でも、いろいろ考えると違った見方もできるだろう？」

——父さんは、人と違ったことを言いたいって気持があるみたいだね。

「それが新しい発見につながると思っているんだ。科学にとって、そのような態度が重要なのだけれど、実は社会で生きていく上でも大事だと思うよ。」

——人と違ったことばかり言ってると、はねっぴんにされちゃうよ。

「そうなるかもしれないけれど、このような考え方もあるってことを言っていたら、いずれ認められるよ。」

——父さんはそうでもないらしいけれど？

「それでもいいんだ。いろんな人が、それぞれ違った意見を言う、それが本当の民主主義というものだ。父さんが一番願っていることだ。」

あとがき

『娘と話す』シリーズの執筆がこれで三冊目となった。私が専門としてきた宇宙への里帰りで、久しぶりに初心に返った気持で書くことができた。実の娘はもう三〇歳を越えてしまったけれど、このシリーズで対話する娘は一二歳前後のままで、私の頭の中の娘の年齢と一致している。いつまでも幼い娘であって欲しいという気持があるためだろう。そのせいもあって、割合自由に書けるような気がし、事実スラスラと書くことができた。

とはいえ、宇宙の科学には小中学生ではまだ習わない原子や原子核の反応だけでなく、宇宙膨張や宇宙の果てという理解しづらい概念が出てくるし、時間の系列として宇宙進化を動的に論じるという難しさもある。宇宙は物理学を総合化して研究されている分野だから、一定の基礎的な知識が欠かせないのだ。とはいえ子どもたちの宇宙への興味は強く、曖昧な表現では満足させられない。そこで、さまざまなたとえ話やエピソードを挟んで話す工夫が必要となる。わき道に逸れたり、余分なことに話が及んだりしながら、本筋はしっかりと語っていくようにしたつもりである。

しかし、少しくらい難しくても子どもは直観的に理解してくれると信じている。わからないことがあっても筋道が明らかであれば、その素晴らしい想像力で補い物語として理解してくれるのだ。子どもたちは「お話し」が大好きなのである。そしてやがて、お話しから「科学」へと進んでいく。そのつながりがスムースにいくよう、わかっていること、わかっていないことをきちんと区別して、ごまかしなく語ることが大切だと思っている。

私が書いた『お父さんが話してくれた宇宙の歴史』(一九九二年刊)を子どもの頃に読んで天文学者を志したという若い人に出会ったことがある。子どもはわかってくれるんだと自信を持つとともに、もうそんなに時間が経ったかと感慨ひとしおであった。と同時に、嬉しさと責任感が混じった複雑な気分となった。本を書くことによって人(特に子どもたち)に影響を与えられたという実感がある一方、子どもたちの人生を左右することもあるのだから仇や疎かに書くべきではないと感じたのである。その分、子どもを念頭においた本を書くには一定の覚悟が必要であると思い定めている。

本書では、まず「宇宙」という言葉が二通りに使われていることから書き始めた。宇宙ステーションや宇宙開発として語られる宇宙(英語ではスペース)は私たちの高々五〇〇キロメートル上空のことであり、それより遥か彼方に広がる宇宙(ユニバース)とは区別されねばならないと思ったからだ。同じ宇宙でもスケールと人間の関係が異なるのである。人間が関与できる宇宙(スペース)は、人工衛星が主役であり、生臭いことも多く起こっている。しかし、そのことには見ぬ振りをして、いかにも夢の実現の場であるかのように宣伝されているのが実情である。現実をきちんと見るべきだと考え、第五章に宇宙開発の項を書き加えた。わざわざ宇宙基本法のことにまで筆が及んだのは、宇宙という糖衣にくるまれた言葉で危険な事態になりつつあることを警告したかったためである。

むろん、本書の主要部では宇宙（ユニバース）が始まってから現在に至るまでの進化を、順序立てて物語風に語っている。宇宙そのものの進化、銀河の誕生と進化、星の進化と物質循環、地球という存在と水の大事さと、宇宙を形作る各階層についての要点を押さえたつもりである。さらに、インフレーション宇宙、物質のみの宇宙（ノーベル賞を受賞した小林・益川理論と関係がある）、現在の難題である二つのダーク成分など、手短だが一見難しそうな話も付け加えた。最近の話題も思い切って取り上げることで、新しい謎に挑戦していることも示したかったのだ。

娘との対話という形だから、「なぜ」そう考えるか、「どのような」方法で証明されたかなど、科学の方法について語ることが可能であった。単に事実を羅列するのではなく、その事実間のつながりを浮き彫りにできたと思っている。とはいえ、書き進めるうちに、娘の方が「当たり前」と言い、私の方が「もっと考えてみよう」と語りかける口調になってしまった。つい日頃の口癖が出てしまったのだが、実際にこのような場面が家庭でも多いのではないかと推察したためもある。子どもたちは「疑う」とか「不思議がる」ことを忘れ、当たり前としてやり過ごすことが習い性になっている。与えられた物を使いこなすことが求められて、疑ったり考えたりする癖を失っているのである。「早く済ませなさい」と親からせかされ、時間が加速されていることもあるだろう。そこで、私が「なぜ当たり前でないか」と挑発する口調で問いかけ、娘に考えさせる体裁にしたのである。

その意味で、本書は親と子どもがゆっくり時間をとって話し合いながら読んで頂くようお願いしたい。宇宙の素晴らしい仕組み、私たちと宇宙とのつながり、まだまだ広がる未知の世界、そんな宇宙の物語は親子の対話を豊かにするだろう。また、人間の想像力の偉大なこと、当たり前と考えずに挑戦してきたこと、見えないものが見えるようになること、そんな研究の歴史を知ることの楽しさも味わって欲しい。単に宇宙からやってくる信号を観測して得ただけの情報から、宇宙進化の大筋を組み上げてきた科学の力が子どもたちでも信じられるのではないだろうか。

今、科学に対してアンビバレントな気分が社会に広がっている。子どもたちの「理科嫌い」もその影響を受けている側面もある。その理由として、科学は文化であること、それによって知的に広がる世界が豊かになること、そんな科学の本質が忘れ去られているためだと思われる。しかし、人間は本源的に文化から切り離されない存在であり、好奇心、探求心、謎への挑戦などを持ち続ける存在でもある。本書を手に取り、宇宙への憧れを持続されている読者にエールを送りたい。

本書を完成させるにあたって現代企画室の小倉裕介氏にお世話になった。深く感謝したい。

二〇〇九年七月

池内　了

著者

池内 了（いけうち さとる）

1944年兵庫県生まれ。京都大学大学院理学研究科博士課程修了。現在、総合研究大学院大学葉山高等研究センター長。著書『科学は今どうなっているの？』『ヤバンな科学』『科学の落し穴』（以上、晶文社）『寺田寅彦と現代』『科学者心得帳』（以上、みすず書房）『私のエネルギー論』『天文学者の虫眼鏡』（以上、文春新書）『物理学者と神』（集英社新書）『疑似科学入門』（岩波新書）『科学の考え方・学び方』（岩波ジュニア新書）『娘と話す 科学ってなに？』『娘と話す 地球環境問題ってなに？』（以上、現代企画室）ほか多数。

娘と話す　宇宙ってなに？

発行　2009年9月15日　初版第一刷　2500部

定価　1200円＋税

著者　池内 了

編集　小倉裕介

装丁　泉沢儒花（Bit Rabbit）

発行者　北川フラム

発行所　現代企画室

150-0031東京都渋谷区桜丘町15-8-204

TEL03-3461-5082　FAX03-3461-5083

E-mail gendai@jca.apc.org

URL http://www.jca.apc.org/gendai/

振替　00120-1-116017

印刷・製本　中央精版印刷株式会社

ISBN978-4-7738-0907-7 Y1200E